住房和城乡建设领域"十四五"热点培训教材

双波纹钢板混凝土组合剪力墙 抗震性能及设计方法

唐际宇　陈宗平　著

中国建筑工业出版社

图书在版编目（CIP）数据

双波纹钢板混凝土组合剪力墙抗震性能及设计方法 /
唐际宇，陈宗平著. — 北京：中国建筑工业出版社，
2023.9
住房和城乡建设领域"十四五"热点培训教材
ISBN 978-7-112-28961-5

Ⅰ.①双… Ⅱ.①唐…②陈… Ⅲ.①波纹板-钢板
-混凝土结构-框架剪力墙结构-防震设计-教材 Ⅳ.
①TU398

中国国家版本馆 CIP 数据核字（2023）第 142496 号

本书针对双波纹钢板混凝土组合剪力墙这种新型抗侧力体系的抗震性能进行了研究，全书分为9个章节：第1章绪论，第2章双波纹钢板混凝土组合剪力墙抗震性能试验概况，第3～5章分别为一字形、L形、T形双波纹钢板混凝土组合剪力墙抗震性能，第6章一字形、L形、T形截面双波纹钢板混凝土组合剪力墙抗震性能对比分析，第7章波纹双钢板剪力墙受力性能数值模拟及参数分析，第8章双波纹钢板混凝土组合剪力墙压弯承载力计算及设计建议，第9章结论与展望。

本书可供科研人员和工程技术人员使用，也可以供院校师生的阅读和参考。

责任编辑：司　汉　李　阳
责任校对：刘梦然
校对整理：张辰双

住房和城乡建设领域"十四五"热点培训教材
双波纹钢板混凝土组合剪力墙抗震性能及设计方法
唐际宇　陈宗平　著
*
中国建筑工业出版社出版、发行（北京海淀三里河路 9 号）
各地新华书店、建筑书店经销
北京科地亚盟排版公司制版
北京圣夫亚美印刷有限公司印刷
*
开本：787 毫米×1092 毫米　1/16　印张：11¾　字数：290 千字
2023 年 9 月第一版　　2023 年 9 月第一次印刷
定价：**58.00** 元
ISBN 978-7-112-28961-5
（41280）

前　言

　　双波纹钢板混凝土组合剪力墙是一种全新的组合剪力墙结构，由双层波纹钢板、边缘约束钢管柱通过对拉螺栓、栓钉连接及内填混凝土组合而成。作为抗侧和竖向承载力的主要构件，双波纹钢板混凝土组合剪力墙以一字形、L形、T形等为主要构造形式，具有优良的力学性能、优越的抗震性能、良好的抗侧性能、便捷的装配性能及良好的应用前景等优点，未来可广泛应用于超高层钢结构建筑、装配式钢结构住宅及工业建筑等领域。

　　本书针对双波纹钢板混凝土组合剪力墙这种新型抗侧力体系的抗震性能进行了研究，以轴压比、剪跨比、波纹类型、波纹方向、栓钉间距以及有无对拉螺杆为变化参数，共设计 35 个比例为 1∶3 的双波纹钢板混凝土组合剪力墙试件，进行低周反复荷载试验。其中含 13 个一字形双波纹钢板混凝土组合剪力墙试件，10 个 L 形双波纹钢板混凝土组合剪力墙试件，10 个 T 形双波纹钢板混凝土组合剪力墙试件和 2 个平钢板对照试件。研究了双波纹钢板混凝土组合剪力墙在低周反复荷载作用下的破坏过程、破坏形态及破坏模式，并比较三者的异同。同时，研究了各变化参数对双波纹钢板混凝土组合剪力墙的滞回特性、承载能力、位移延性、强度退化、刚度退化及耗能能力等抗震性能指标的影响。研究发现：

　　（1）双波纹钢板混凝土组合剪力墙破坏形态主要有压屈破坏、压弯破坏及约束失效破坏。一字形试件的破坏形态主要受轴压比、钢板类型、连接构件和剪跨比的影响，L形、T形试件的破坏形态主要受波纹钢板类型、轴压比、约束钢管柱设置和剪跨比的影响。

　　（2）增大轴压比，试件的滞回曲线更饱满，极限承载力更高，初始抗侧刚度提高，耗能能力增强，但同时强度退化加快且延性降低。

　　（3）增大剪跨比，对一字形墙体，试件的滞回曲线更饱满，强度退化速度减缓，延性提高极小，但极限承载力和刚度均降低，峰值后等效黏滞阻尼系数更高，而累积耗能则呈相反趋势；对L形、T形墙体，虽试件的滞回曲线更饱满，但极限承载力、抗侧刚度和初始环线刚度均降低，而强度退化、延性、耗能等指标受影响相对较小。

　　（4）相比平钢板试件，波纹钢板试件的滞回曲线更饱满且下降缓慢，延性和耗能更优，且小剪跨比时极限承载力提高明显，而刚度退化相差不大；波纹尺寸对试件抗震性能指标影响较小，但波纹方向影响较大。相比横向波纹试件，竖向波纹试件的极限承载力、抗侧刚度、延性和耗能更优，强度退化程度更缓慢。波纹尺寸改变主要影响试件的变形能力和耗能，相比窄波纹试件，宽波纹试件延性更优，但耗能能力降低。

（5）无连接构件试件的初始刚度较大，在受力破坏过程中其刚度退化速率最快，不同形式的连接构件中，刚度性能改善能力从强到弱的顺序是：栓钉+对拉螺杆、对拉螺杆、栓钉。无连接构件试件的等效黏滞阻尼系数总体上是要大于设置连接构件试件的，设置对拉螺杆试件的等效黏滞阻尼系数是小于设置栓钉试件的；同剪跨比下无连接构件试件的总耗能能力大于设置连接构件的，设置栓钉的试件总耗能能力强于对拉螺杆的试件。

（6）设置约束方管柱可提升试件的承载力、延性和耗能，强度和刚度退化程度得到显著减缓。增大翼缘宽度，试件的承载力提升，且小剪跨比试件的提升效果更明显。此外，试件的强度退化程度和受压翼缘的刚度退化程度减缓，而延性受影响不大。

（7）基于有限元软件 ABAQUS，分别建立了三种截面形式的剪力墙模型，对剪力墙在水平低周反复荷载下的力学行为进行模拟计算，计算结果与模拟结果吻合较好，表明 ABAQUS 数值模拟具有可行性。同时，建立模型，用以拓展轴压比、墙肢高厚比、剪跨比及截面含钢率（钢管和钢板含钢率）四个参数对剪力墙抗震性能的影响，进一步揭示该种新体系结构在水平反复荷载作用下的抗震性能。

（8）基于全截面塑性假设，推导了双波纹钢板混凝土组合剪力墙正截面压弯承载力计算公式，计算结果与试验结果吻合较好。同时，明确了关键设计参数的取值范围，给出了关键配置参数和相关构造要求的设计建议，为后续的标准规范编制和工程设计提供了相关依据和借鉴。

在本研究开展中，特别感谢薛建阳教授、苏益生教授，从选题、设计、试验，到成果撰写、审核，无不凝聚着他们的心血。同时特别感谢同一研究课题方向的许新颖、张冯霖，感谢陈宇良、经程贵在课题策划方面给予的支持，感谢周济、宁璠、莫琳琳、梁宇涵、许瑞天、廖浩宇、周星宇、贾恒瑞、吴逸冲、班茂根、黄嘉均、冯建铭、苏赞耀、涂身文、零志彦、黎盛欣、覃钦泉等在试验过程中付出的辛勤劳动。

由于作者水平有限，很多研究尚在探索实践当中，还有很多需要不断完善的地方。请读者多提宝贵意见，利于对本书进行进一步提高和完善。

目　录

第 1 章

绪论

1.1 研究背景

近年来，国内超高层建筑蓬勃发展，无论从数量上还是高度上，在世界范围内都占据了主要位置。截至 2020 年，前十项全球已建成的超高层建筑（不含电视塔等构筑物等）有 7 项在中国（含中国台湾地区 1 项），可见中国超高层建筑在全球的地位，这也从侧面反映了近三十年来中国经济的迅速崛起。超高层建筑的结构形式以钢结构框架＋型钢混凝土核心筒为主，由于核心筒结构设计外包钢结构混凝土，仍需进行传统的钢筋绑扎、模板安装等施工，同时需设置爬模体系或整体顶模并提供施工操作平台，且只能进行核心筒竖向墙体的施工（核心筒水平楼板需后施工），所以具有施工成本高、施工工序复杂、总体工期长、消防疏散难及竖向交叉施工安全隐患大等问题。因此，改变核心筒剪力墙结构形式，是改变传统施工模式、解决重大施工难题的关键。

此外，我国人口增长速度出现了逐年下降的趋势，老年化趋势愈加严峻，劳动力紧缺，"用工荒"将成为长期存在的问题，劳动力密集的建筑工地将难以为继，劳动力成本将进一步提高。同时，粗放式的施工现场管理造成大量资源浪费和环境污染，面临政府绿色环保的监管压力愈加明显。从欧洲、日本、韩国、新加坡等发达地区的发展来看，装配式建筑已经发展较为成熟，建筑的工业化生产是社会经济和人口发展到一定阶段的必然选择。因此，我国政府大力推行的装配式建筑正是顺应形势发展的需要。目前，装配式钢结构建筑得到了政策的大力支持，但是钢框架结构具有抗侧刚度不足、结构位移大等问题，多采用传统的斜撑钢柱来解决抗侧刚度不足的问题，给围护墙体和防水等带来诸多麻烦，缺乏可行的钢结构剪力墙予以配置。

鉴于超高层建筑及建筑工业化两个方面所存在的工程问题，双波纹钢板混凝土组合剪力墙的研发和应用，具有很强的针对性和实用性。

波纹钢板是在平钢板的基础上通过弯曲变形成波浪形，以增加平面外的刚度和屈曲强度，从而在强轴方向承受更大的轴力、剪力或弯矩而不发生屈曲。图 1-1(a)、（b）、（c）中的梯形、三角形和正弦波形是其常见的截面形式。波纹钢板在集装箱、组合箱梁、梁、柱及剪力墙等结构中广泛应用。

双波纹钢板混凝土组合剪力墙是基于双钢板混凝土剪力墙结构而拓展引申的一种新式且高效的复合结构体系，由外包的双层波纹钢板、两端约束暗柱和内填充的混凝土组合而成，双层波纹钢板通过对拉螺栓连接、内设栓钉与混凝土协同工作。如图 1-2 所示。

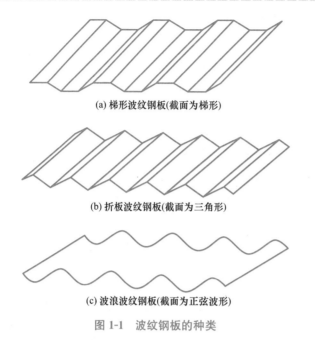

(a) 梯形波纹钢板(截面为梯形)

(b) 折板波纹钢板(截面为三角形)

(c) 波浪波纹钢板(截面为正弦波形)

图 1-1　波纹钢板的种类

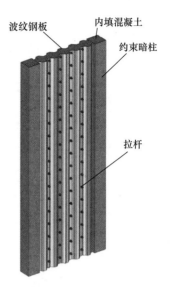

波纹钢板　　内填混凝土　　约束暗柱　　拉杆

图 1-2　双波纹钢板混凝土组合
剪力墙构造形式

其优点有：①力学性能良好。该墙体可充分发挥钢板和混凝土两种材料的材料性能。双波纹钢板可直接承担外部荷载，还可为内部混凝土提供侧向约束，提高混凝土的抗压能力和变形能力。内填充混凝土同时可为双波纹钢板提供侧向支撑，避免或延缓钢板的平面外屈曲，提高了钢板的稳定性，充分发挥钢板的力学性能，使其具有更高的承载力和良好的变形能力。②抗震性能优异。该组合墙体薄，自重轻。波纹钢板与混凝土工作，可以获得较高的承载力、抗侧刚度、位移延性和耗能能力。对于受循环往复荷载的建筑来说，双波纹钢板混凝土组合剪力墙的耗能能力比型钢混凝土组合剪力墙和平钢板混凝土组合剪力墙更为优良，更有利于抗震。③便于装配化施工。其构造简单，便于装配化施工。双波纹钢板可实现工厂标准化生产，现场安装方便快捷。也可在工厂内进行双波纹钢板混凝土组合剪力墙的标准化构件生产，实现现场装配化施工。④改变超高层建筑施工模式。对于超高层建筑，当核心筒剪力墙采用双波纹钢板混凝土组合剪力墙代替，将完全改变过去传统的施工模架平台的做法，竖向结构可实现完全钢结构装配化施工，水平楼板采用叠合楼板施工，与外框水平结构施工同步，可加快施工周期，减小劳动强度，提高施工安全性，实现革命性的变化。

鉴于以上特点，双波纹钢板混凝土组合剪力墙作为一种新型的构件形式，具有良好的应用前景，未来可广泛应用于超高层钢结构建筑、装配式钢结构住宅及工业建筑等领域。但该新型结构体系尚处于起步探索阶段，理论体系不成熟，没有相关的设计标准规范，双波纹钢板混凝土组合剪力墙结构亟须深入研究。

1.2　研究现状

1.2.1　波纹钢板剪力墙

（1）材料应用方面

平薄钢梁腹板和梯形波折腹板最早于 1961 年出现在瑞典，主要用于中小跨的屋面梁以承担部分纵载。德国的 TSP 体系探讨了梁柱腹板性能，并首次提出将波折板用于受剪，但未涉及波折、波浪形钢板剪力墙，且 TSP 体系在研发过程中，未开展非线性分析，存在许多待研究之处。

1983 年至 1987 年前后，国外考虑到波浪形钢板几何形状的特点，将其应用于工字形梁腹板中，使得构件平面内及平面外的稳定性得到增强。近些年，国内很多工业建筑开始应用波浪（波折）腹板工字形构件，如图 1-3 所示。同时，近年来波浪形钢腹板在桥梁上的应用越来越多，如山东鄄城黄河大桥。

（2）波纹钢板的研究

国内外学者进行了许多关于波纹腹板钢构件的理论探讨与试验分析。Leiva-Aravena 等

图 1-3　波浪（波折）腹板工字形构件

于 1984 年对大跨度梯形波折腹板开展研究，证明翼缘承担了全部的弯曲荷载；1987 年，Leiva-Aravena 针对多种荷载工况下（包括纯压力作用、纯剪力作用、压剪结合共同作用）梯形波折板的力学性能进行了研究；Luo 和 Edlund 通过仿真软件 ABAQUS 模拟了 Leiva-Aravena 的梯形波折板试验，在此基础上拓展分析了大挠度、初始缺陷对梯形波折板力学性能的影响，考虑了材料非线性对模拟结果的作用。研究表明：减小波折角度，易产生钢板局部屈曲现象，而增大波折角度则导致钢板越容易发生整体屈曲。同时揭示了腹板高度、厚度与极限受剪荷载之间的关系；Elgaaly 和 Hamilton、仲伟秋、任保双等学者结合数值模拟和试验研究，表明：波折形态对波纹腹板剪切性能（受整体屈曲或局部屈曲）有决定性作用，认为波纹钢腹板梁的破坏是由屈曲造成的，对于波距较密的试件，破坏由整体屈曲强度控制。对于波距较疏的试件，破坏由局部屈曲控制；Say-Ahmed EY 等指出波纹腹板梁中的剪力和弯矩分别由波纹腹板和翼缘来承担。Driver 等根据全尺寸试验研究，指出几何初始缺陷对波纹腹板梁的抗剪承载力的影响不可忽略，并对桥梁结构中使用波纹腹板梁提出了设计建议。Yi 和 Moon 等探究了波纹腹板的屈曲问题，根据研究结果提出了相关屈曲承载力的计算方法，并基于已有研究的试验结果进行了验证。

（3）波纹钢板剪力墙的研究

1）平钢板与波纹钢板的对比研究

Botros 采用数值模拟的手段对波纹钢板剪力墙展开研究，结果表明，相比平钢板剪力墙，波纹钢板剪力墙有着更优的能量耗散性能，且相比于竖向波纹内嵌板的波纹钢板剪力墙系统，水平波纹内嵌板形式的耗能、延性表现更佳。

Berman 和 Bruneau 采用拟静力加载试验的方式研究了冷弯平钢板和钢折板的钢板剪力墙系统的抗震性能，冷轧薄板厚 0.7～0.9 mm，褶皱 45°斜向布置（图 1-4）。研究结果表明：相比板厚小于 1.0 mm 且褶皱幅度较小的钢折板，冷弯平钢板试件的延性和耗能能力虽低，但其滞回曲线明显更加饱满。此外，研究成果还发现，相比采用焊缝与钢折板连接的方式，采用环氧树脂胶代替焊缝对于系统的延性和耗能能力更优。

2）波纹方向的对比研究

Massood Mofid 等通过半尺单层单跨的试验模型，对比分析了非加劲和梯形波折钢板

剪力墙的滞回性能，如图 1-5 所示。试验结果表明，非加劲钢板剪力墙与梯形波折板相比，极限强度高 17%，但是耗能能力、延性和初始刚度要低 52%、40%、20%。因为波折钢板有着优良的弹性和抗剪切能力，还拥有着较高的面外刚度，采用合理的设计，波折钢板剪力墙能够在预定的应力区段屈服，且能够在滞回曲线非常饱满的情况下通过弹性变形吸收地震能量。

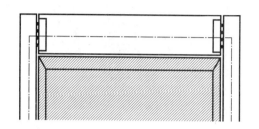
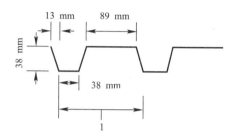

图 1-4   波折钢板剪力墙试件

(a) 竖向   (b) 横向

图 1-5   竖向和横向波折钢板剪力墙

天津大学的孙军浩、李楠采用试验和有限元软件模拟相结合的手段，对不同内嵌钢板双层模型试件的抗震性能进行研究。结果发现，其滞回曲线形状相对饱满，无明显捏缩现象出现（图 1-6 和图 1-7），且剪切屈服型波纹钢板剪力墙的初始刚度、耗能能力、抗侧承载力分别比平钢板剪力墙高出 34%、26%、5%；而试件的抗侧性能受框架或纵载的影响不明显。此外，研究了内嵌钢板厚度和高宽比对结构抗震性能的影响。

谭平等，王威、张龙旭等设计了竖向波纹和横向波纹两种形式的钢板剪力墙试件（图 1-8），通过低周往复加载试验和有限元软件模拟研究相结合手段，观察了两种试件的破坏形式，获取了滞回曲线、骨架曲线、延性、刚度及耗能性能等抗震性能指标，并对其开展了系统研究。结果表明：两种波纹钢板剪力墙均具有较高的极限承载力及初始刚度；具有屈曲承载力较高且屈服位移较小的特点，因此试件可较早进入塑性耗能；试件的滞回曲线不易发生捏缩现象。相比横向波纹，竖向波纹更有利于提高钢板剪力墙的滞回性能和屈服后承载力。在水平受剪时，竖向波纹钢板剪力墙易产生拉压效应，横向波纹钢板剪力墙易发生 H 形钢柱屈曲，如图 1-9 所示。

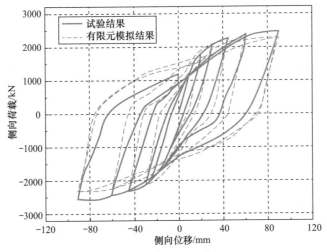

图 1-6 模型验证对比

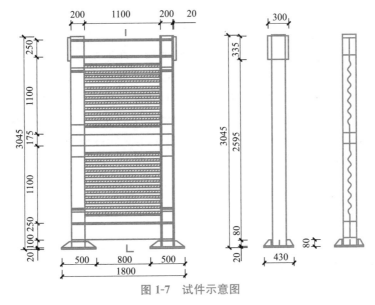

图 1-7 试件示意图

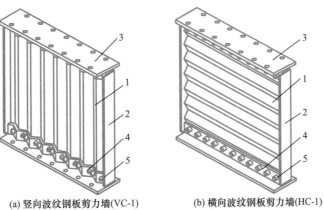

(a) 竖向波纹钢板剪力墙(VC-1)　　　(b) 横向波纹钢板剪力墙(HC-1)

图 1-8 波纹钢板剪力墙

1—竖向波纹钢板；2—侧边加劲肋；3—连接板；4—波纹鱼尾板；5—高强度螺栓

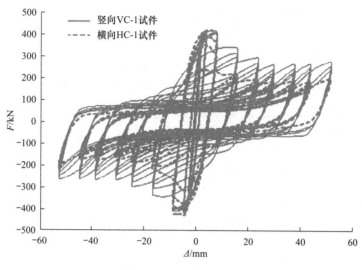

图 1-9　滞回曲线对比

3）波折（形）钢板剪力墙承载力研究

兰银娟研究了折板剪力墙的滞回曲线、骨架曲线、耗能系数、承载力退化系数等滞回性能指标（图 1-10），结果表明，折板剪力墙具有初始刚度大、屈服和极限承载力高、滞回环饱满、延性和耗能能力良好的特点，且无捏拢现象。当试件达到极限承载力后，承载力出现快速下降现象。原因可归结为波折钢板的塑性屈曲变形积累。聂建国等研究了波纹腹板梁荷载-位移曲线与屈曲模态的相互关系，并基于非线性屈曲分析开展了不同初始缺陷下波纹腹板梁的剪切承载力。

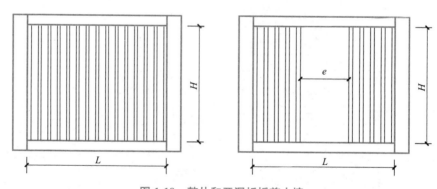

图 1-10　整片和开洞折板剪力墙

Susumu 等通过与周边钢筋混凝土框架螺栓连接数的不同的两组试验，对波折钢板剪力墙的滞回性能进行了细致的试验研究，如图 1-11 所示。试验结果表明，波折钢板剪力墙具有较大的延性，且其屈服和屈曲现象表现较为稳定，因此波折钢板剪力墙在水平承载力达到峰值后其应力退化程度要缓于钢筋混凝土剪力墙。同时，该种结构形式的剪切刚度、承载力、耗能能力均较大，故其抗震性能较优。

近年来，张庆林等研究了弯、剪、压结合的各种工况下波浪腹板梁力学性能，并提出了相关的设计公式和建议，得出了波浪腹板剪切屈曲荷载的计算方法。郭彦林等为探究波浪腹板的抗剪性能，深入研究了抗剪弹性屈曲荷载以及弹塑性屈曲荷载的计算方法。通过试验研究（图 1-12），揭示了波浪腹板的抗剪受力机理。基于研究成果进行归纳总结，提出了波浪腹板的抗剪承载力计算公式。李靓姣采用有限元分析对波浪形钢板剪力墙在轴心受压、纯剪及压剪作用下的受力性能进行研究，并拟合出了相关计算公式。

图 1-11 采用钢筋混凝土框架的波折钢板剪力墙

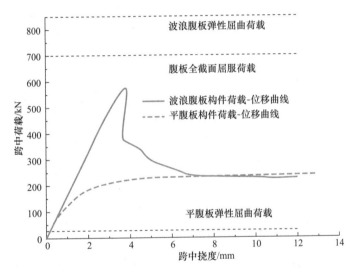

图 1-12 波浪腹板构件与平腹板构件的荷载-位移曲线

　　王振采用有限元仿真软件对几种形式的钢框架-波纹钢板剪力墙结构模型进行建模，对承载力较高的四类正弦波纹钢板墙结构进行低周往复荷载作用下的滞回性能分析，分析此种结构的抗侧极限承载力、应力发展、面外变形发展等抗震指标。对正弦波纹钢板剪力墙进行参数分析，研究其抗侧性能受波纹钢板厚度、高宽比、波纹波长、波纹峰值等因素的影响程度。王玉利用仿真模拟软件 ABAQUS，通过特征值屈曲分析研究了波纹钢板剪力墙在开通高洞口、方形洞口、矩形洞口和不同位置方形洞口时的屈曲模态，同时探讨了洞口的变化、波幅以及波纹布置方向对屈曲模态的影响，并和相同洞口布置的平钢板剪力墙进行了对比。结果表明，开门窗洞口后竖波纹钢板墙的承载力高于相同洞口布置的平钢板墙，并且内嵌竖向波纹钢板在开洞后面外变形均小于相同洞口布置的内嵌平板。张文莹等对波纹钢板覆面冷弯薄壁型钢龙骨式剪力墙进行水平单调加载和循环反复加载下的抗剪性能试验，给出了风荷载和地震作用下波纹钢板覆面冷弯薄壁型钢龙骨式剪力墙的抗剪强度建议值，并通过对不同建筑原型进行增量动力时程分析，得到了抗震性能设计的 3 个主要参数。

北得克萨斯州大学 YU 等对以上覆波纹钢板剪力墙进行试验研究，覆波纹钢板剪力墙与平钢板、胶合板等墙体对比，其初始刚度和抗剪强度更高。为改善墙体延性以及防止覆面板发生破坏，YU 等提出了在波纹钢板上开洞的结构形式，并对不同孔洞直径的开圆孔剪力墙、不同开缝长度的水平及竖直开缝剪力墙进行了试验研究。研究表明，开缝剪力墙在其开孔尺寸小且数量多时，可获得较高的延性、抗剪强度和初始刚度。MAHDAVIAN 提出了一种在剪力墙墙体骨架内侧镶嵌波纹钢面板的新型剪力墙结构，并开展系列研究。ZHANG 等对水平荷载和竖向/重力荷载同时作用下的一系列覆波纹钢板剪力墙足尺试件进行了水平单调加载和循环往复加载试验研究，研究表明，该种剪力墙试件的初始刚度和抗剪强度可通过对其施加一定的水平及重力荷载作用而获得提高，但提高幅度有限；此外，承重墙对整体结构的抗侧能力有着不可忽略的贡献。

1.2.2　钢板混凝土组合剪力墙

（1）单钢板混凝土组合剪力墙

单钢板混凝土组合剪力墙是基于钢板剪力墙延伸而来，在钢板两侧设置预制混凝土板或浇筑混凝土，并使用螺栓或栓钉将钢板与混凝土组合，从而达到防止钢板平面外屈曲的目的。

1）预制单钢板混凝土组合剪力墙抗震性能试验研究

Zhao 和 Astaneh-Asl 提出一种新型钢板混凝土组合剪力墙，在钢板两侧通过抗剪螺栓将预制混凝土板悬挂其上，并以混凝土板与周边结构的空隙存在与否定义传统型（存在空隙）和改进型（不存在空隙）两种结构形式。对于后者，在加载初期，钢板平面外屈曲受到混凝土的约束，随着位移的增加，两者开始协同工作，钢板的变形收到约束，结构的承载力也得到提高，表现出良好的延性。

李国强为比较单钢板混凝土组合剪力墙和纯钢板剪力墙的抗震性能采用了低周反复加载的方式分别对二者开展试验研究，结果表明，前者在承载和变形能力方面均要明显优于后者。Hitaka 等提出开缝钢板混凝土组合剪力墙，即将预制混凝土板设置在开缝钢板剪力墙两侧，令其起到限制钢板屈曲的作用，这种构造通过两者的协同工作提高了开缝钢板剪力墙的承载力和变形能力。郭彦林、董全利针对预制混凝土钢板剪力墙防屈曲问题，将混凝土板与周边框架梁柱之间预留一定缝隙，确保在大震工况下，混凝土板与钢板之间可发生相对位移，防止混凝土盖板发生严重破坏，从而保护内嵌钢板，提高承载力和耗能能力，如图 1-13 所示。通过数值方法给出防屈曲钢板混凝土剪力墙的混凝土盖板约束厚度及连接螺栓最大间距的参考公式。

高辉对比研究低周反复荷载作用下钢板剪力墙布置单侧和双侧预制混凝土板的抗震性能，研究结果表明，试验结果受混凝土墙厚的影响较大，双侧预制混凝土的面外约束更强，因而具有更好的滞回性能。马欣伯通过 6 块两边连接钢板混凝土组合剪力墙和 1 块两边连接单排开缝钢板混凝土组合剪力墙，进行在低周往复荷载作用下的滞回性能试验研究，如图 1-14 所示。试验研究表明，角部设置短加劲肋的两边连接组合剪力墙具有较高的初始刚度和承载力，钢板的面外变形可通过设置混凝土板进行约束，该试件的滞回环饱满，展现了优良的耗能能力和延性，其抗震性能明显高于钢板剪力墙。同时，通过合理设计的混凝土板可提升组合剪力墙的承载力和后期刚度。李然对钢管混凝土框架-组合剪力墙结构体系抗震性能开展测试,系统地探讨了组合剪力墙对组合框架抗侧刚度、承载力和耗能能力的提高幅度;研究了混凝土板对钢板剪力墙延性、耗能能力和破坏模式的影响。同时,针对组合剪力墙提出一种新型的端部连接构造措施,并用试验结果验证其有效性。研究结果表明,组合剪力墙可有效提高该混合结构的抗侧刚度、承载力和耗能能力;混凝土板的存在有效减小了钢板的平面外变形,钢板剪力墙的耗能能力得到了大幅度提升。

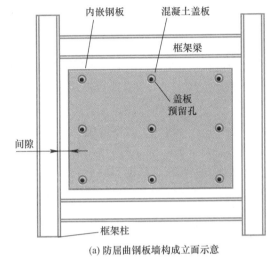

(a) 防屈曲钢板墙构成立面示意

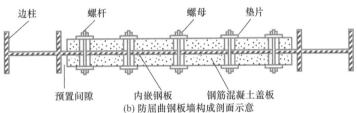

(b) 防屈曲钢板墙构成剖面示意

图 1-13　防屈曲钢板墙构成示意

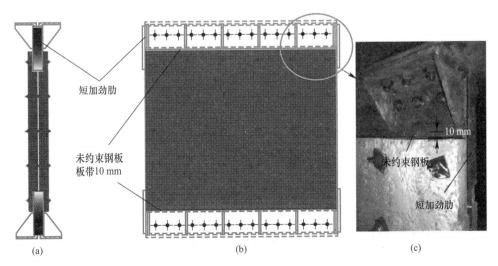

图 1-14　钢板组合剪力墙试件及其构造

2）内嵌钢板钢筋混凝土剪力墙抗震性能试验研究

吕西林、干淳洁通过试验研究，总结了内置钢板钢筋混凝土剪力墙的破坏模式，分析了高宽比、墙厚、钢板厚度等参数对该类构件的影响，提出了恢复力模型。同时基于实测结果建立了剪力墙的抗剪承载力的计算方法。刘晓通过对两边连接组合墙进行单调加载和反复加载的有限元模拟分析，对比分析了不同高宽比和高厚比对组合剪力墙性能的影响。研究表明，纯钢板墙的滞回曲线容易出现捏拢，组合墙的滞回曲线则较为饱满对称，组合墙的初始刚度和屈服荷载会随着钢板厚度和高宽比的增加而增大。钢板通过屈服消耗能量，组合剪力墙展现出优异的抗震性能和延性。同时，给出了两边连接组合墙的简化模型以及组合墙的初始刚度和屈服荷载的公式。曹万林、张文江提出了钢管混凝土边框内藏钢板组合剪力墙的结构形式，完成了 12 个不同构造的钢板组合剪力墙模型的拟静力试验，获取了其承载力、耗能、延性、滞回特征等性能指标。研究发现，内藏钢板的钢管混凝土边框组合剪力墙结构具有承载力高、延性好、耗能能力强、滞回性能稳定等特点。

崔龙飞、蒋欢军等采用数值模拟的手段，对两组内置钢板混凝土组合剪力墙和内藏钢桁架混凝土组合剪力墙进行了研究，明确计算模型的创建方式；对两片含钢率相同的内置钢板混凝土组合剪力墙和内藏钢桁架混凝土组合剪力墙在侧向低周反复荷载作用下进行研究，并比较不同内置形式对钢管剪力墙试件抗震性能的影响。研究结果表明，相比内置钢板，内藏钢桁架的方法对混凝土剪力墙的承载力、延性、耗能能力的提升效果更好。

朱爱萍通过对配置混凝土强度等级为 C80 的 30 个内置钢板-混凝土组合剪力墙试件在往复荷载作用下的滞回能力开展研究，发现了轴压比、墙身钢板含钢率、分布钢筋配筋率及间距等对剪力墙的承载力、刚度、变形能力、滞回耗能能力及破坏特征的影响。研究结果表明，采用内置钢板方式可显著增大试件的抗侧刚度、承载力和耗能能力；内置钢板-剪力墙的设计轴压比限值可取为 0.50；通过对试件设置合理的构造措施，可高效利用 C80 高强混凝土的力学性能，同时对结构的变形能力不造成影响。

王金金等采用 Marc 有限元软件对不同轴压比的钢板混凝土组合剪力墙进行了弹塑性分析。试验表明，钢板混凝土组合剪力墙正截面承载力与轴压比大小有关，正截面承载力取得最大值时轴压比取为 0.4；当轴压比在 0.2～0.4 时，此时试件的变形能力和耗能能力最大；对于轴压比大于 0.6 的试件，其性能表现为变形能力、延性和耗能能力均减小；试件的初始刚度与轴压比呈现一定的相关性，而墙体的抗侧刚度随往复加载而表现为下降。如图 1-15 所示。

（2）双钢板混凝土组合剪力墙

双钢板混凝土组合剪力墙是将混凝土灌注在两层钢板的中间，钢板之间通过螺栓或者肋板连接。混凝土强度因为钢板的约束得以提高，而钢板因为混凝土拉结可限制平面外屈曲，而且钢板可以替代模板而简化了施工。

1）国外研究

国外学者对双钢板混凝土组合剪力墙这种结构形式的研究起步较早。1995 年，Link 等提出中间带肋的双钢板组合剪力墙，如图 1-16 所示，采用非线性有限元分析了组合剪力墙的破坏模式、承载能力及应力分布等。Emori 通过 1：4 缩尺比例中间设置纵向和横向加劲肋的双钢板剪力墙的剪切性能展开研究，试验表明，该剪力墙具有良好的延性和承载能力。同时，通过有限元分析，结合剪切试验结果，给出了该剪力墙的承载力公式。

Clubley、Moy 等对 12 片水平剪力键连接的双钢板混凝土组合剪力墙进行了力学性能研究，通过不同钢板厚度、钢板间距及剪力键间距等变化参数，验证了组合剪力墙主要受钢板间距、连接键直径、连接键间距等参数的影响。试验表明，该类型剪力墙延性和耗能能力好，破坏主要发生在焊接连接键受剪破坏。

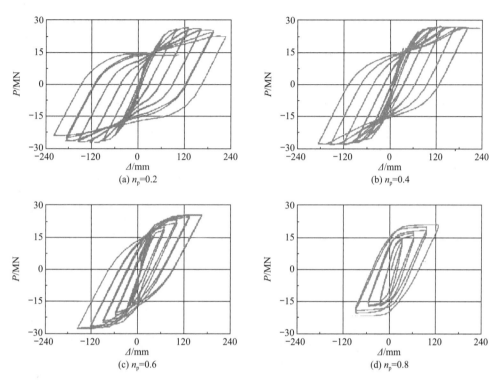

图 1-15　不同轴压比钢板混凝土剪力墙的水平荷载-位移滞回曲线

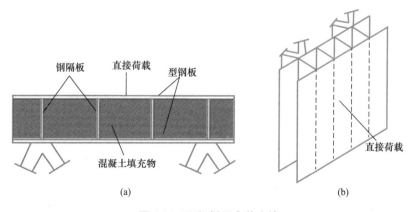

图 1-16　双钢板组合剪力墙

Eom、Park 等通过对 3 个一字形和 2 个 T 字形双钢板剪力墙进行拟静力研究（图 1-17），发现墙体破坏主要发生在墙体与基础梁直接的焊缝拉裂或者是钢板局部屈曲破坏，墙体的底部锚固对墙体的延性影响较大。

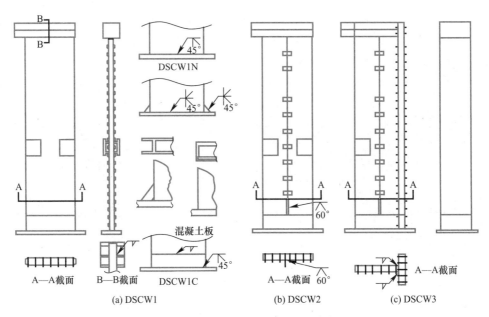

图 1-17　双钢板混凝土组合剪力墙

2）国内研究

近年来，我国学者对双钢板混凝土组合剪力墙进行了大量深入的试验研究，取得了丰硕的成果。2013 年，聂建国、卜凡民、樊健生等通过对不同形式的钢板混凝土组合剪力墙进行试验（图 1-18），观察其破坏形态，研究其受力机理、延性、刚度、耗能及承载力等性能指标，并分析轴压比、剪跨比、含钢量、材料强度等因素对抗震性能的影响。基于试验结果并结合数值模拟的手段，给出相应的设计建议，同时给出轴压比限制范围以及对应的计算公式。

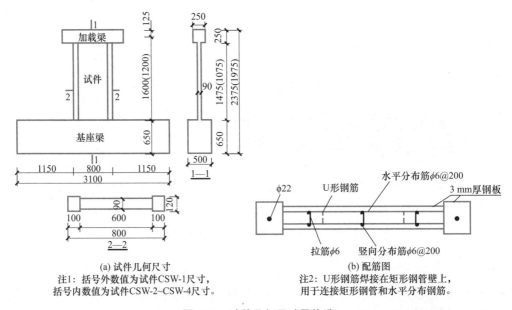

(a) 试件几何尺寸
注1：括号外数值为试件 CSW-1 尺寸，
括号内数值为试件 CSW-2～CSW-4 尺寸。

(b) 配筋图
注2：U 形钢筋焊接在矩形钢管壁上，
用于连接矩形钢管和水平分布钢筋。

图 1-18　试件几何尺寸及构造

纪晓东、钱稼茹等通过对钢管-双层钢板-混凝土组合剪力墙进行拟静力试验（图1-19、图1-20），分析了破坏形态、承载能力、延性及耗能能力等抗震性能指标，对比分析了约束边缘构件长度、轴压比、含钢率及内置钢管等因素的影响，研究发现试件的破坏形态以钢板屈曲、钢板拉裂和混凝土压碎为主，并基于试验数据提出了其正截面承载力计算方法。

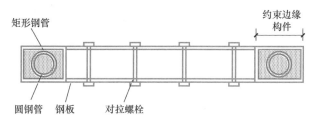

图 1-19　钢管-双钢板混凝土组合剪力墙截面

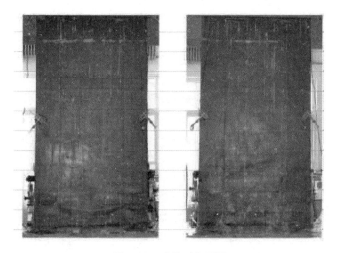

图 1-20　试件破坏形态

刘鸿亮、蔡健等，朱立猛、周德源等通过对带约束拉杆双层钢板混凝土组合剪力墙试件的低周往复加载试验（图1-21、图1-22），观察了其破坏过程及形态，获得了滞回曲线、骨架曲线等抗震性能指标。研究表明，组合剪力墙试件拥有良好的抗震能力，通过缩短约束拉杆间距和设置约束拉杆的方式，不但可对结构提供更强的约束作用，还可以起到延缓钢板局部屈曲、提高混凝土的变形能力的作用，从而可增强试件的抗震能力。同时，通过将型钢设置于试件端部和缩短约束拉杆间距能对试件的承载力与延性起到良好的提升效果。

李健、罗永峰等，曹万林、于传鹏等，张晓萌、李晓虎、李盛勇及聂建国、齐笑苑、

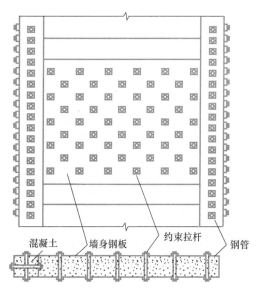

图 1-21　带约束拉杆双层钢板
混凝土组合剪力墙截面形式

王月明等设计了工字形钢、U形钢连接而成的多腔钢板组合剪力墙（图1-23），对其进行低周往复荷载作用下的拟静力试验研究；开展了不同轴压比、剪跨比、U形钢截面尺寸、栓钉布置与否的对比研究；根据试验结构探究试件的受力机理及破坏机制，分析了各个参数对一字形、T形钢管束组合剪力墙抗震性能指标的影响规律（包括滞回曲线、骨架曲线等）；通过研究墙体的剪切、侧向变形及其应变，从而揭示墙体的变形机理。结果表明：在一定范围内，高宽比越小，轴压比越大，刚度就越大，材料强度与构件的极限承载力成正比。试验范围内，高宽比的影响较大，而轴压比、钢板厚度与截面厚度的比值、栓钉间距等对承载力的影响相对较小。影响延性的参数主要有轴压比、钢板厚度、栓钉间距、开洞大小等，其中轴压比影响最大，高宽比影响不明显。反复荷载作用下，双钢板剪力墙腹板双钢板形成按腔体分隔的交叉抗剪拉力条带，翼缘和腹板均发挥了优良的延性，同时抗震耗能能力较强；双钢板厚度、腔体个数、底部的加强构造措施易对剪力墙抗震性能产生影响。相比螺杆连接的方式，采用栓钉连接方式的试件其破坏程度相对较小，将高强混凝土填充于钢板间可为延缓钢板屈曲提供更强的约束作用，同时可承担更大的压力，从而延缓外包钢板局部屈曲的发生，并最后达到提高剪力墙的承载能力的效果。改变栓钉间距的方式对剪力墙的抗侧刚度和承载力的影响不显著，而钢板厚度越大可使得试件耗能能力得到有效提升，适当增大竖向荷载对试件的极限承载力有提升作用，设置加劲肋可增大试件的抗侧刚度和承载能力；基于试验研究结果，通过对双钢板混凝土组合剪力墙试件模型进行简化和计算假定，提出了剪力墙在面内低周反复荷载作用下的抗弯承载力计算方法。

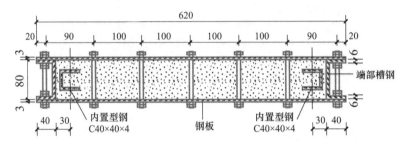

图1-22　带约束拉杆钢板-混凝土组合剪力墙试件

图1-23　钢管束混凝土组合剪力墙

林诚发对7个新型设缝双钢板-混凝土组合剪力墙进行低周往复荷载试验（图1-24），试验参数有轴压比、竖向设缝和水平设缝以及水平缝的形式。结果表明：带竖向设缝的试件具有良好的延性和抗弯能力，其承载力较高，耗能能力良好。推导带竖向设缝试件的抗弯承载力计算公式，对于带水平设缝试件采用刚度折减的方法推导其抗弯承载力，通过将其与测试结果的对比，所得结果具有较好的精度。

1.2.3　双波纹钢板混凝土组合剪力墙

双波纹钢板混凝土组合剪力墙是近年来出

现的一种新形式的结构，是基于波纹钢板剪力墙和平钢板混凝土组合剪力墙的一种拓展结构。即在两侧波纹钢板的中间浇筑混凝土，通过拉杆和栓钉将钢板与混凝土紧密结合在一起，同时在墙端两侧设置约束暗柱。此新型墙体利用波纹钢板更为良好的平面外刚度，可提高剪力墙的延性和耗能能力，是一种具有良好应用前景的结构体系。目前，仅国外对波纹钢板混凝土组合剪力墙有少量研究，国内对此研究刚起步，文献资料很少。

图 1-24　设缝双钢板-混凝土组合剪力墙

（1）国外对双波纹钢板混凝土组合剪力墙的抗震试验研究

1995～2004 年，Wright 和 Anwar Hossain 等通过对压型钢板混凝土组合剪力墙进行轴压及抗剪试验，研究了破坏形态、强度、刚度、应变及混凝土接触等一系列指标，并提出了相关的设计方法，其墙体构造形式如图 1-25 所示。Hossain 和 Wright 提出一种双层波折钢板内填混凝土剪力墙。研究结果表明：钢板与混凝土的连接处最早发生破坏。同时，对尺寸为 560 mm×560 mm 的波纹板开展纯剪切试验研究，研究表明，混凝土和钢板发生破坏分别是由于垂直于斜向拉力带的裂缝延展和钢板屈曲导致的。

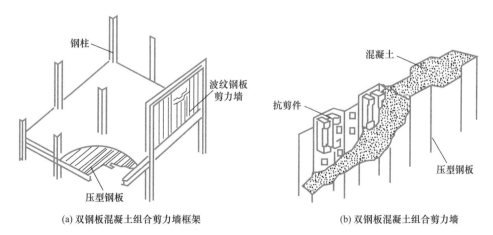

(a) 双钢板混凝土组合剪力墙框架　　　　　　　(b) 双钢板混凝土组合剪力墙

图 1-25　双波纹钢板混凝土组合剪力墙

随后 Wright 和 Anwar 等对双压型钢板内填混凝土剪力墙的轴向受压和剪切行为开展测试，对此类剪力墙的强度、刚度、破坏模式、内部混凝土与钢板接触等一系列指标进行了深入研究。结果表明，此类剪力墙受力性能良好，但压型钢板与混凝土的相互作用、外包钢板的抗屈曲能力对试件的轴向承载能力的影响显著。组合墙体的抗剪承载力可简便等效为核心混凝土与钢板的抗剪能力之和，但按其方式所得结果小于实测值。基于试验结果提出了双压型钢板混凝土组合剪力墙的抗剪性能计算模型，给出了该类型构件的抗剪承载力的理论计算方法。

Mydin 等对 12 片波纹钢板混凝土剪力墙进行轴心受压加载试验，设计变化参数为外侧钢板厚度、墙体边缘约束条件（其中不同边缘约束的剪力墙构造如图 1-26 所示），对各参数对试件轴压性能的影响进行讨论。研究结果可知，试验范围内，所有剪力墙均表现出较好的轴压性能。通过设置边缘约束可显著提高剪力墙的极限承载力，最后基于试验结果提出了此类组合剪力墙轴压承载力的计算方法。

(a) 无边界   (b) 有边界但无连接措施   (c) 有边界且用焊接连接

图 1-26　波纹钢板混凝土剪力墙边界条件

Prabha 等，设计了 5 片波纹钢板组合剪力墙，并设置 1 片混凝土剪力墙作为对比组，其中填充层采用轻质泡沫混凝土，将混凝土与钢板通过螺杆进行连接，研究轴向荷载作用下组合剪力墙的力学性能，试件的构造形式如图 1-27 所示。研究发现，侧向压力导致钢板的鼓曲现象可通过设置螺杆的措施进行改善，使组合墙体的破坏模式转变为沿螺杆宽度方向的局部破坏，进而提高墙体的延性。此外，通过增设螺杆并将其均匀布置于组合墙上，可有效提高墙体的延性和轴压承载能力。

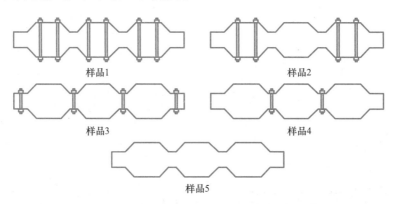

图 1-27　内填轻质泡沫混凝土波纹钢板组合墙体

　　Rafiei 和 Hossain 等，通过试验研究了混凝土种类（自密实混凝土或高韧性纤维增强水泥基复合材料）对于双波纹钢板混凝土组合剪力墙抗剪性能的影响。研究结果表明：相比采用自密实混凝土的组合剪力墙，采用高韧性纤维增强水泥基复合材料的组合剪力墙拥有更高的延性、限剪切荷载和能量耗能能力。对于拥有足够数量墙体连接件的组合墙体，其抗剪强度主要受混凝土强度的影响，因此，可通过增加混凝土、钢板的强度和减小连接件间距的方式以提升墙体的抗剪承载力。

　　Hilo 等为探究内埋矩形冷弯型钢波纹钢板混凝土组合剪力墙的轴向受力性能，借助仿真模拟件 ABAQUS 建立了波纹钢板混凝土组合剪力墙的有限元模型（图 1-28）。研究发现，采用内埋型钢布置加劲肋的措施可有效提高组合墙体的轴压承载力，其极限承载力相比无加劲肋墙体可增大约 60%，而采用改变外侧钢板厚度的方式并不能有效改善组合墙体的受力性能。

　　（2）国内对双波纹钢板混凝土组合剪力墙的抗震试验研究

　　国内对双波纹钢板混凝土组合剪力墙的研究相比于国外起步比较晚，主要是近几年才展开，目前主要是采用有限元软件进行模拟分析，

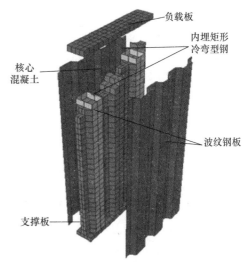

图 1-28　组合墙体的有限元模型

或者采用缩尺比例的试件进行试验研究，并结合有限元软件进行模拟验证分析这两种研究方法。

　　朱文博采用数值模拟方法，应用有限元分析软件 ABAQUS 深入研究了波纹钢板组合剪力墙的静力承载及抗震性能。以波形与波距、含钢率、混凝土强度等为变化参数，建立数值计算模型（图 1-29），对比分析各变化参数对波纹钢板剪力墙的静力极限承载力及低周反复承载力的影响。研究表明：当选用两边连接方式时，竖向波纹钢板剪力墙的承载能力及抵抗变形能力均较优。当采用四边连接且高宽比为 0.8 时，竖向波纹钢板剪力墙静力最大承载力较好；当高宽比为 1.5 及 2.0 时，横向波纹钢板剪力墙静力最大承载力较好，且比起平钢板剪力墙承载力和最大面外变形更好，但该研究仅限于有限元理论分析，未做试验验证，需进一步完善。

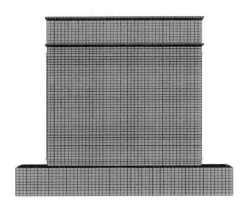

图 1-29　钢板剪力墙有限元模型

　　王玉生通过对一字形双层波纹钢板内填混凝土组合剪力墙进行轴压试验，发现剪力墙发生伴有局部屈曲的整体失稳破坏，具有较高的稳定承载力，如图 1-30 所示。应用有限元分析软件 ABAQUS 建立数值模型，考虑了构件的几何非线性、材料非线性、接触非线性及初始缺陷，对模型进行弹性屈曲分析和静力作用下的非线性分析，模拟结果与试验结果吻合。通过对剪力墙进行拓展分析，深入分析了

高宽比、高厚比和含钢率对双层波形组合剪力墙的稳定承载力的影响。通过参数分析拟合出表征双层波形钢板组合剪力墙整体稳定性的 φ-λ 曲线及公式。

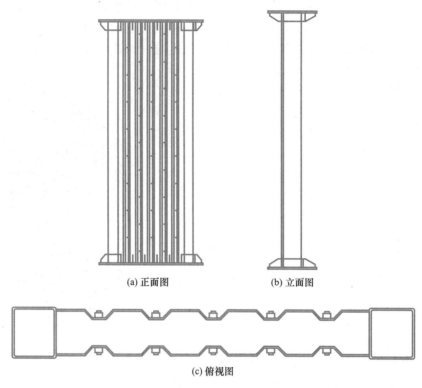

(a) 正面图　　　　　　　(b) 立面图

(c) 俯视图

图 1-30　一字形组合墙试件构造图

王凯杰进行了 3 个 1：3 双层波纹钢板-混凝土组合剪力墙试件试验，其中 1 个是双层平钢板-混凝土组合剪力墙，2 个是不同波形的双层波纹钢板-混凝土组合剪力墙，开展了低周反复荷载试验。对比两者的不同，研究其破坏模式、耗能能力、极限承载力和刚度变化等规律。同时，通过 ABAQUS 有限元软件建立了数值模型，将滞回分析结果与试验结果进行对比，发现通过数值模拟的方法可较好地模拟组合剪力墙试件在低周反复荷载作用下的受力形态、应力发展、变形能力及承载力等。

杨梦等提出双层钢板-内填再生混凝土组合剪力墙结构，对其抗震性能进行研究。研究发现：在低周往复荷载作用下组合剪力墙的破坏模式主要表现为压弯破坏，再生粗骨料取代率对试件的承载力影响不大，随着再生粗骨料取代率的增加，试件的承载力呈现降低的规律，表明双层钢板组合剪力墙中使用再生混凝土时，结构的抗震性能较优。任坦对 1 个无栓钉的波形钢板混凝土试件与 11 个带栓钉的进行了标准推出试验。研究了其破坏形态、裂缝模式、荷载-滑移曲线规律等，借助数值模拟的方法对界面粘结作用、栓钉直径与间距、栓钉布置及钢板厚度等参数进行影响分析。研究表明，试验范围内，影响波形钢板-混凝土组合剪力墙承载力的因素由大到小依次为：钢板厚度、界面粘结作用、栓钉直径与间距。

王威、梁宇建等应用有限元分析软件 ABAQUS 分别建立竖向、水平波纹钢板混凝土组合剪力墙的数值模型，研究不同轴压比对波纹钢板混凝土组合剪力墙的抗震性能（滞回性能、变形能力、抗侧承载力、抗侧刚度及耗能能力）的影响，同时对两类剪力墙进行了低周反复加载试验，以验证模拟精确性。结果表明：当轴压比在 0.15～0.45 且逐步增大时，竖向波纹钢板混凝土组合剪力墙的承载能力和能量耗散性能逐渐增强，而其延性和变形能力则呈相反趋势；对于轴压比大于 0.6 的剪力墙试件，其抗震性能表现较差。轴压比在 0.15～0.30，同轴压比下竖向波纹钢板混凝土组合剪力墙的抗震性能要优于水平波纹钢板混凝土组合剪力墙。

费建伟、李志安采用解析法求解四边简支波形钢板组合墙的弹性屈曲承载力，采用能量法求解三边简支墙板的弹性屈曲承载力，并与有限元数值计算结果进行对比。王威、李昱采用 OpenSEES 软件对竖向波纹钢板组合剪力墙破坏形态的分析，建立 30 个 8 种不同设计参数的有限元模型，发现应变控制下不同参数变化对其等效塑性铰长度的影响规律，其中 H 型钢柱的影响相关性最小。通过理论分析和推导，提出了多参数控制的竖向波纹钢板组合剪力墙等效塑性铰长度计算表达式。

郭进对钢管混凝土框架-波形钢板混凝土组合剪力墙核心筒结构体系的静力弹塑性 Pushover 和动力弹塑性时程分析开展研究；针对三榀波形钢板混凝土组合剪力墙试件低周反复荷载验证试验，表明新型组合剪力墙具有承载能力高、刚度退化缓慢、滞回曲线饱满、延性优和耗能强等优势；针对两榀钢管混凝土框架-波形钢板混凝土组合剪力墙试件低周反复荷载加载试验，表明波形钢板混凝土组合剪力墙进入塑性后仍可承受大部分的水平荷载，并对钢管混凝土框架柱的塑性破坏起到了明显的延缓作用。同时，研究了剪力墙钢板屈服强度、混凝土强度等级、剪力墙高宽比、试件轴压比和钢管柱截面尺寸等参数对该种试件抗震性能的影响。

范佳琪、张佳伟通过理论分析和有限元模拟，对包括 L 形波纹钢板剪力墙结构的抗侧能力展开了研究。叶昕利用数值模拟分析了不同波纹形状下组合剪力墙板抗爆性能的影响，给出了组合剪力墙板在近场爆炸作用下跨中最大挠度的经验公式。李清华采用数值分析方法对工字形双波纹钢板-混凝土组合剪力墙的受力机理、抗震性能及设计构造等进行了分析研究。

侯铭岳设计制作了 H 型钢、方钢管约束的竖波钢板组合剪力墙及方钢管下安装可更换拉压型阻尼器的竖波钢板组合剪力墙试件，对两种组合剪力墙分别进行了抗震性能试验及抗震韧性试验验证，得出了组合剪力墙的受剪承载力设计方法。

1.2.4　已有研究及不足

（1）主要研究内容

1）双波纹钢板混凝土组合剪力墙是近年来出现的一种新的组合剪力墙结构形式，研究总体起步较晚。国外自 1995 年开始对波纹钢板混凝土组合剪力墙有少量研究，国内自 2017 年起步，相关文献资料较少。但由于该新型结构墙体具有优良的抗震性能，近年来国内研究得到重视和兴起；

2）运用有限元软件建立模型，对模型进行弹性屈曲分析和静力作用下的非线性分析，通过对剪力墙进行拓展分析，分析了波形方向、波距、混凝土强度、高宽比、高厚比、轴压比和含钢率等参数对双层波纹组合剪力墙的稳定承载力的影响。通过参数分析拟合出表征双层波纹钢板混凝土组合剪力墙整体稳定性的 φ-λ 曲线及公式；

3）通过双层波纹钢板-混凝土组合剪力墙试件轴压试验、剪切试验及低周反复拟静力试验，对比了不同波形、栓钉有无、平板钢板等试验结果，对其变形能力、破坏模式、荷载-位移滞回曲线、骨架曲线、变形和耗能能力、刚度和承载力退化等进行了研究。结果表明，波纹钢板-混凝土组合剪力墙具有较好的抗侧刚度、延性和耗能能力；较平钢板-混凝土组合剪力墙有更好的界面粘结性能，更大的初始刚度，更好的延性和耗能能力；界面粘结作用对波纹钢板-混凝土组合剪力墙承载力有一定影响，栓钉直径与间距对其影响很小，而钢板厚度的影响占比较大；

4）进行了钢管混凝土框架-波纹钢板混凝土组合剪力墙核心筒结构体系的静力弹塑性Pushover和动力弹塑性时程分析；针对钢管混凝土框架-波纹钢板混凝土组合剪力墙试件进行低周反复荷载试验，表明波纹钢板混凝土组合剪力墙进入塑性阶段后，仍能承担大部分的水平荷载，很大程度地推迟了钢管混凝土框架柱的破坏，刚度和延性具有良好匹配性；

5）利用数值模拟分析了不同波纹形状下组合剪力墙板抗爆性能的影响，给出了组合剪力墙板在近场爆炸作用下跨中最大挠度的经验公式。

（2）存在的不足

1）目前对双波纹钢板混凝土组合剪力墙研究以数值模拟为主，缺乏大量的试验数据结果做支撑；

2）试验研究墙体截面类型单一、数量少，目前主要是针对一字形墙体进行了相关的试验，缺乏墙体截面类型的系统性和代表性；

3）对于双波纹钢板混凝土组合剪力墙各类影响因素的试验与模拟对比分析，存在大量研究空白。特别是缺乏对波形方向、波距、高厚比、轴压比、剪跨比、约束条件、连接条件和含钢率等的不同试件的对比试验研究；

4）缺乏系统地对不同截面形式墙体的破坏机理和破坏模式的研究，没有提出各截面形式墙体承载力计算公式和设计建议。

1.3　研究意义

双波纹钢板混凝土组合剪力墙是近年来出现的一种新型剪力墙结构形式，其在波纹钢板剪力墙和平钢板混凝土组合剪力墙的基础上发展而来，即在两侧波纹钢板的中间浇筑混凝土，通过拉杆和栓钉将钢板与混凝土紧密结合在一起，同时在墙端两侧设置约束暗柱。此新型结构构件具有以下特点：

（1）优良的力学性能。该组合剪力墙可充分发挥两种材料的材料性能。双钢板可直接承担外部荷载，还可为内部混凝土提供侧向约束，可明显提高混凝土的抗压能力和变形能力。内填充混凝土同时可为双钢板提供侧向支撑，避免或延缓钢板的平面外屈曲，提高了钢板的稳定性，充分发挥了钢板的力学性能。通过以上组合作用，双钢板混凝土剪力墙具有较高的承载力和优良的形变性能。

（2）优越的抗震性能。该组合墙体薄，自重轻，利于抗震。同时，波纹钢板与混凝土协同工作，可以获得较高的承载力和较大的抗侧刚度，针对受循环往复荷载的构件，波纹钢板剪力墙系统相比平钢板剪力墙系统拥有更优的耗能性能，更有利于抗震。

（3）良好的抗侧性能。波纹钢板较平面钢板具有更好的平面外刚度，墙体的抗侧刚度能承受更高的水平荷载，以抵抗风荷载和地震作用。

（4）便捷的施工性能。波纹钢板可实现工厂标准化生产，现场安装方便快捷。波纹钢板可作为混凝土施工时的模板，加快施工进度、降低模板的费用、构造简单。也可在工厂内进行双波纹钢板混凝土组合剪力墙的标准化构件生产，实现现场装配化施工。对于超高层建筑，核心筒剪力墙采用双波纹钢板混凝土组合剪力墙，此措施将完全改变过去传统的施工模架平台的做法，竖向结构可实现完全的钢结构装配化施工。水平楼板采用叠合楼板施工，改进了目前的施工方法，加快施工周期，减小劳动强度，提高施工安全性，实现革命性的变化。

鉴于以上特点，双波纹钢板混凝土组合剪力墙作为一种新型的构件形式，具有良好的应用前景，未来可广泛应用于超高层钢结构建筑、装配式钢结构住宅及工业建筑等领域。目前，国内对此墙体尚处于研究应用的初步阶段，工程实际应用案例较少。

1.4　研究内容

1.4.1　研究目标

本书研究的双波纹钢板混凝土组合剪力墙是一种全新的组合剪力墙结构，由双层波纹钢板和边缘约束钢管柱通过拉杆、栓钉连接及内填混凝土组合而成，作为抗侧和竖向承载力的主要构件，形成一种以一字形、L形、T形等主要构造形式的双波纹钢板混凝土组合剪力墙，具有自重较轻、钢板壁薄、用钢经济、制作简单、安装方便、便于装配等优点。本书通过全面系统地研究双波纹钢板混凝土组合剪力墙在低周反复荷载下的滞回性能，揭示其受力机理和破坏机制，研究其抗震承载力和变形能力，并研究其关键参数对双波纹钢板混凝土组合剪力墙滞回性能的影响；通过有限元分析软件对双波纹钢板混凝土组合剪力墙进行数值模拟，对墙体轴压比、墙肢高厚比、剪跨比及含钢率（钢板厚度、方钢管厚度）进行参数化对比分析；明确关键设计参数取值范围，建立双波纹钢板混凝土组合剪力墙压弯承载力计算模型，提出双波纹钢板混凝土组合剪力墙构造措施及设计建议，为后续的标准规范编制和工程设计提供了相关依据和借鉴。

1.4.2　研究内容

为了深入研究双波纹钢板混凝土组合剪力墙的力学性能，为工程实际应用奠定基础，本书系统全面地通过1：3缩尺比例对双波纹钢板混凝土组合剪力墙进行了试验研究、数值模拟和理论分析，主要研究内容如下：

（1）不同截面形式的双波纹钢板混凝土组合剪力墙抗震性能综合研究

共设计35个1：3比例的双波纹钢板混凝土组合剪力墙试件，进行低周反复荷载试验。其中13个一字形双波纹钢板混凝土组合剪力墙试件和2个平钢板对照试件，10个L形双波纹钢板混凝土组合剪力墙试件，10个T形双波纹钢板混凝土组合剪力墙试件。进行了轴压比、剪跨比、钢板形状、波纹方向、波长、栓钉间距/有无、螺杆有无、翼缘宽度及约束暗柱有无等变化参数下的多种试验对比。通过试验揭示了双波纹钢板混凝土组合剪力墙的破坏机制、受力机理，分析了各个参数对组合剪力墙的破坏模式、钢板与混凝土共同受力机理、结构的滞回曲线、骨架曲线、位移延性、强度退化、刚度退化及能量耗散等一系列抗震性能指标的影响，分析了波纹类型、墙体连接件、设置约束钢管柱、翼缘宽度、轴压比及剪跨比对一字形双波纹钢板混凝土组合剪力墙抗震性能的影响。并基于试验结果采用有限元软件对轴压比、墙肢高厚比、剪跨比及含钢率（钢板厚度、方钢管厚度）等参数进行参数拓展分析。比较分析双波纹钢板混凝土组合剪力墙三种截面形式在破坏形态、滞回特性、受剪承载力、刚度退化、位移延性、等效黏滞阻尼系数及累计耗能等方面的差别和共性。

（2）承载力计算方法与构造措施

在试验数据和有限元参数化分析的基础上，分析影响双波纹钢板混凝土组合剪力墙承载力的主要因素，对比理论计算和试验结果，基于全截面塑性假设，推导了双波纹钢板混凝土组合剪力墙正截面压弯承载力计算公式。明确关键设计参数取值范围，给出双波纹钢板混凝土组合剪力墙构造措施及设计施工建议。

1.4.3　技术路线（图 1-31）

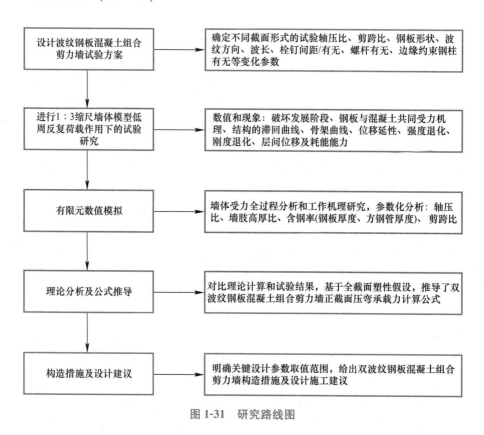

图 1-31　研究路线图

1.4.4　研究创新点

本书研究的双波纹钢板混凝土组合剪力墙是一种全新的组合剪力墙结构，国内外对其研究成果较少，特别是缺乏相应的试验结果，主要创新点如下：

（1）通过设计一种带约束方钢管柱的新型钢-混凝土组合剪力墙，系统全面地对一字形、L形、T形三种双波纹钢板混凝土组合剪力墙抗震性能进行低周反复荷载试验研究。研究发现，双波纹钢板混凝土组合剪力墙主要有压屈破坏、压弯破坏及约束失效破坏三种模式。一字形试件的破坏形态主要受轴压比、钢板类型、连接构件和剪跨比的影响，L形、T形试件的破坏形态主要受波纹钢板类型、轴压比、约束钢管柱设置和剪跨比的影响。

同时，研究发现，若增大轴压比，试件的滞回曲线更饱满、极限承载力更高、初始抗侧刚度提高、耗能能力增强，但同时强度退化加快且延性降低；增大剪跨比，对一字形墙体，试件的滞回曲线更饱满，强度退化速率减缓，延性极小提高，但极限承载力和刚度均降低，峰值后等效黏滞阻尼系数更高，而累积耗能则呈相反趋势；对L形、T形墙体，虽然试件的滞回曲线更饱满，但极限承载力、抗侧刚度和初始环线刚度均降低，而强度退化、延性、耗能等指标受影响相对较小。

在钢板形式和连接方式方面：相比平钢板试件，波纹钢板试件的滞回曲线更饱满且下降缓慢，延性和耗能更优，且小剪跨比时后者的极限承载力提高明显，而刚度退化相差不大；波纹尺寸对试件抗震性能指标影响较小，而波纹方向影响较大。相比横向波纹试件，竖向波纹试件的极限承载力、抗侧刚度、延性和耗能更优，强度退化程度更缓慢。波纹尺寸改变主要影响试件的变形能力和耗能，相比窄波纹试件，宽波纹试件延性更优，但耗能能力降低。无连接构件试件的初始刚度较大，在受力破坏过程中其刚度退化速率最快，不同形式的连接构件中，刚度性能改善能力从强到弱的顺序是：栓钉＋对拉螺杆、对拉螺杆、栓钉。

（2）采用试验研究和参数化数值模拟分析，进行了不同类型墙体在不同试验轴压比、墙肢高厚比、剪跨比及截面含钢率（包括钢管和钢板含钢率）等变化参数下的拓展分析。研究发现，对于轴压比限值，L形、T形、一字形双波纹钢板混凝土组合剪力墙宜控制在0.2以内，其承载力和延性更优；随着墙肢高厚比的提高，波纹钢板剪力墙的受剪承载力和弹性阶段的刚度均大幅度减小；随着剪跨比的减小，波纹钢板剪力墙的受剪承载力和弹性阶段的刚度均增大，峰值承载力、初始刚度、延性系数均增大；随着钢板厚度的提高，波纹钢板剪力墙的峰值承载力、初始刚度、延性系数增大，但也明显可以看出增加钢板厚度对延性的提升并不明显。

（3）结合有限元理论分析和试验结果，基于全截面塑性假设，推导了双波纹钢板混凝土组合剪力墙压弯承载力计算公式，明确了轴压比、含钢率、钢板与墙体厚度比、栓钉及对拉螺栓连接间距等关键设计参数取值范围，给出了双波纹钢板混凝土组合剪力墙波形尺寸、连接方式、对拉螺杆布置及约束暗柱等构造措施及设计建议，为后续的标准规范编制和工程设计提供了相关依据和借鉴。

第2章

双波纹钢板混凝土组合剪力墙
抗震性能试验概况

2.1 概述

双波纹钢板混凝土剪力墙具有承载力高、延性高、耗能好和施工便捷等优点，并且可以很好地解决平钢板剪力墙因混凝土墙体过厚而鼓曲的问题。为掌握双波纹钢板混凝土组合剪力墙的抗震性能，深入揭示其破坏机理，本书考虑了一字形、L形和T形三种截面形式，共设计制作了35个1:3比例的双波纹钢板混凝土组合剪力墙试件进行低周反复荷载试验，详细介绍了试验目的、试件设计、试件加工及制作、试验加载方案、试验量测内容及测点布置等。

2.2 试验目的

本书以轴压比、剪跨比、波纹类型、波纹方向、栓钉间距以及有无对拉螺杆为变化参数，共设计13个一字形双波纹钢板混凝土组合剪力墙试件和2个平钢板对照试件进行低周反复荷载试验，并基于同批次浇筑的10个L形双波纹钢板混凝土组合剪力墙试件和10个T形双波纹钢板混凝土组合剪力墙试件的测试结果，主要实现以下几点目的：

（1）研究双波纹钢板混凝土组合剪力墙在低周反复荷载作用下的破坏过程、破坏模式及破坏机制。

（2）研究各变化参数对双波纹钢板混凝土组合剪力墙抗震性能的影响，其中抗震性能指标主要包括滞回特性、承载能力、位移延性、强度退化、刚度退化及耗能能力。

（3）对比分析一字形、L形和T形双波纹钢板混凝土组合剪力墙的抗震性能演化规律，借助有限元软件ABAQUS建立合理的数值模型并开展拓展参数分析。

（4）研究在低周反复荷载作用下三类截面形式的双波纹钢板混凝土组合剪力墙的压弯承载力计算方法。

2.3 试件设计

试件按1:3缩尺比例共设计35个双波纹钢板混凝土组合剪力墙试件，其中包括15个一字形截面试件、10个L形截面试件和10个T形截面试件，编号依次为W1~W15、LW1~LW10和TW1~TW10。

试件由墙体、底座和加载梁组成。墙体厚度统一为 120 mm，墙体边缘暗柱采用截面为 120 mm×120 mm 方钢管，通过焊接与墙体钢板相连，预先在方钢管柱和波纹钢板内焊接栓钉，通过设置于内凹处对拉螺杆将两片波纹钢板连接，其中栓钉和对拉螺杆直径均为 10 mm；底座为钢筋混凝凝土结构，混凝土保护层厚度为 50 mm，纵筋采用螺纹钢筋 Φ 20，箍筋采用螺纹钢筋 Φ 10，箍筋间距为 100 mm；加载钢梁根据试件截面类型定制，通过高强度螺栓与试件顶部厚钢板相连；试件加载点至底座表面距离统一为 1740 mm。试件各部件组成如图 2-1 所示。

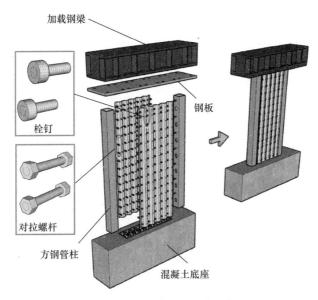

图 2-1　剪力墙部件组成示意

2.3.1　一字形截面试件设计

一字形双波纹钢板混凝土组合剪力墙试件的编号为 W1～W15，其截面概况如图 2-2 所示，详细参数见表 2-1，主要变化参数如下：

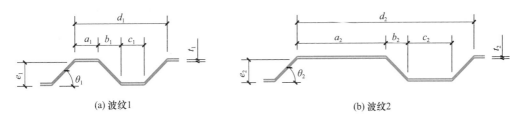

(a) 波纹1　　　　　　　　　(b) 波纹2

图 2-2　波纹尺寸概况

（1）试验考虑了 0.1、0.2 和 0.4 三种设计轴压比 n_t，轴压比参照《建筑抗震试验规程》JGJ/T 101—2015 计算，其计算公式如下：

$$n_t = \frac{1.25N}{f_{c,t}A_c/1.4 + f_{y,t}A_s/1.1} \tag{2-1}$$

一字形截面试件设计参数　　　　　　　　　　表 2-1

编号	轴压比	波纹类型	波纹方向	墙高×墙宽 /mm×mm	剪跨比	栓钉间距	对拉螺杆间距
W1	0.2	波纹 1	纵向	1740×870	2	10@120	间距 120
W2	0.1	波纹 1	纵向	1740×870	2	10@120	间距 120
W3	0.4	波纹 1	纵向	1740×870	2	10@120	间距 120
W4	0.2	波纹 2	纵向	1740×870	2	10@120	间距 120
W5	0.2	波纹 1	横向	1740×870	2	10@120	间距 120
W6	0.2	平板	—	1740×870	2	10@120	间距 120
W7	0.2	波纹 1	纵向	1740×870	2	无	无
W8	0.2	波纹 1	纵向	1740×870	2	10@240	无
W9	0.2	波纹 1	纵向	1740×870	2	无	间距 120
W10	0.2	波纹 1	纵向	1740×1160	1.5	10@120	间距 120
W11	0.1	波纹 1	纵向	1740×1160	1.5	10@120	间距 120
W12	0.4	波纹 1	纵向	1740×1160	1.5	10@120	间距 120
W13	0.2	波纹 2	纵向	1740×1160	1.5	10@120	间距 120
W14	0.2	平板	—	1740×1160	1.5	10@120	间距 120
W15	0.2	波纹 1	纵向	1740×1160	1.5	无	无

式中：N 为作用在试件上的实际轴力；$f_{c,t}$ 为实测混凝土轴心抗压强度；$f_{y,t}$ 为钢材屈服强度实测值；A_c 为试件受压混凝土的截面面积；A_s 为试件受压钢板的截面面积；1.4 和 1.1 分别为混凝土和钢材的材料分项系数；1.25 为重力荷载分项系数。

（2）试验考虑了 1.5 和 2.0 两种剪跨比 λ，计算公式为 $\lambda = H_0/h_0$，其中 H_0 为加载点至基础梁表面的距离，h_0 为墙肢宽度。

（3）试验考虑了两种波纹尺寸，波纹钢板实测厚度为 $t_1 = t_2 = 2.74$ mm，其中波纹 1 的参数为 $a_1 = 30$ mm，$b_1 = 30$ mm，$c_1 = 30$ mm，$d_1 = 120$ mm，$e_1 = 30$ mm，$\theta_1 = 45°$，波纹 2 的参数为 $a_2 = 120$ mm，$b_2 = 30$ mm，$c_2 = 60$ mm，$d_2 = 240$ mm，$e_2 = 30$ mm，$\theta_2 = 45°$，具体尺寸参数如图 2-3 所示。

（4）试验考虑了横向波纹和纵向波纹两种波纹类型，波纹方向以平行于低周反复荷载方向定义为横向，以垂直于低周反复荷载方向定义为纵向。

（5）试验考虑了 120 mm 和 240 mm 两类栓钉间距，并设置了无栓钉试件为对照组。

（6）为研究对拉螺杆对双波纹钢板混凝土组合剪力墙抗震性能的影响，试验考虑了设置间距 120 mm 对拉螺杆和不设置对拉螺杆两种情况。

2.3.2　L 形截面试件设计

对于 L 形双波纹钢板混凝土组合剪力墙试件，编号为 LW1～LW10，栓钉间距和螺杆间距均为 120 mm，其截面概况如图 2-4 所示，详细参数见表 2-2，主要变化参数如下：

（1）考虑了 0.1 和 0.2 两类试验轴压比 n_t。

（2）考虑了 1.5 和 2.0 两类剪跨比 λ。

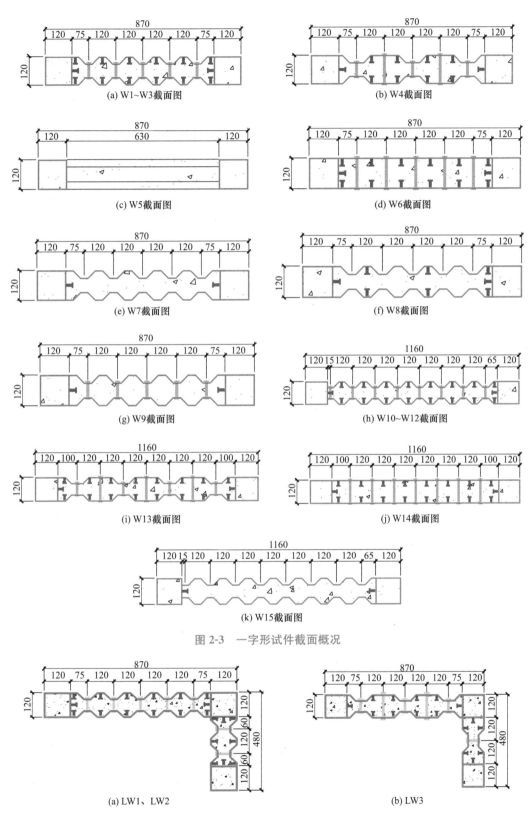

(a) W1~W3截面图

(b) W4截面图

(c) W5截面图

(d) W6截面图

(e) W7截面图

(f) W8截面图

(g) W9截面图

(h) W10~W12截面图

(i) W13截面图

(j) W14截面图

(k) W15截面图

图 2-3　一字形试件截面概况

(a) LW1、LW2

(b) LW3

图 2-4　L 形试件截面概况（一）

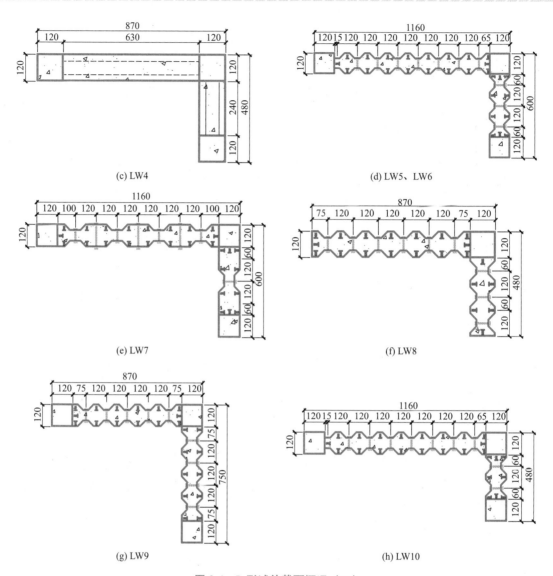

图 2-4　L 形试件截面概况（二）

（3）考虑了波纹 1 和波纹 2 两种波纹尺寸，具体尺寸同一字形截面试件。

（4）考虑了横向波纹和纵向波纹两种波纹类型。

（5）考虑了翼缘宽度对试件抗震性能的影响，其中剪跨比为 1.5 时翼缘宽度设为 480 mm 和 750 mm，剪跨比为 2.0 时翼缘宽度设为 480 mm 和 600 mm。

（6）考虑了设置约束方钢管暗柱和不设置约束方钢管暗柱两种情况。

L 形截面试件设计参数　　　　　　　　　　　　　　表 2-2

编号	轴压比	波纹尺寸	波纹类型	剪跨比	翼缘宽度/mm	约束方钢管暗柱
LW1	0.2	波纹 1	纵向	2.0	480	有
LW2	0.1	波纹 1	纵向	2.0	480	有
LW3	0.2	波纹 2	纵向	2.0	480	有
LW4	0.2	波纹 1	纵向	2.0	480	有

续表

编号	轴压比	波纹尺寸	波纹类型	剪跨比	翼缘宽度/mm	约束方钢管暗柱
LW5	0.2	波纹 1	纵向	1.5	600	有
LW6	0.2	波纹 1	纵向	1.5	600	有
LW7	0.2	波纹 2	纵向	1.5	600	有
LW8	0.2	波纹 1	纵向	2.0	480	无
LW9	0.2	波纹 1	纵向	2.0	750	有
LW10	0.2	波纹 1	纵向	1.5	480	有

2.3.3　T 形截面试件设计

对于 T 形双波纹钢板混凝土组合剪力墙试件，编号为 TW1～TW10，栓钉间距和螺杆间距均为 120 mm，其截面概况如图 2-5 所示，详细参数见表 2-3，主要变化参数如下：

(1) 考虑了 0.1 和 0.2 两类轴压比 n_t。

(2) 考虑了 1.5 和 2.0 两类剪跨比 λ。

(3) 考虑了波纹 1 和波纹 2 两种波纹尺寸，具体尺寸同一字形截面试件。

(4) 考虑了横向波纹和纵向波纹两种波纹类型。

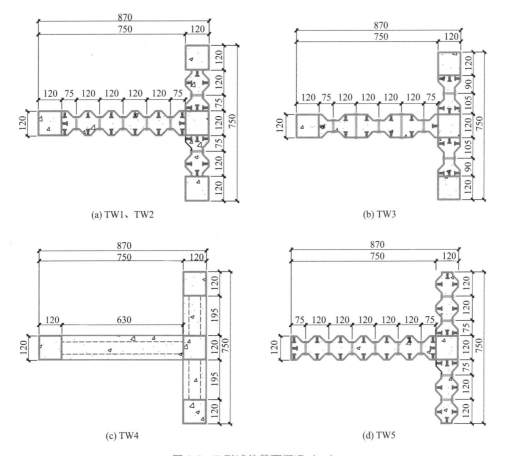

(a) TW1、TW2　　(b) TW3

(c) TW4　　(d) TW5

图 2-5　T 形试件截面概况（一）

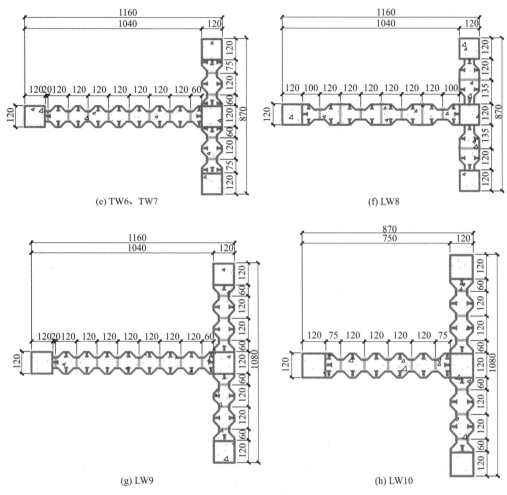

(e) TW6、TW7　　　　　　　　　(f) LW8

(g) LW9　　　　　　　　　(h) LW10

图 2-5　T 形试件截面概况（二）

（5）考虑了两类翼缘宽度的影响，其中剪跨比为 1.5 时翼缘宽度设为 870 mm 和 1080 mm，剪跨比为 2.0 时翼缘宽度设为 750 mm 和 1080 mm。

（6）考虑了设置约束方钢管暗柱和不设置约束方钢管暗柱两种情况。

T 形截面试件设计参数　　　　　　　表 2-3

编号	轴压比	波纹尺寸	波纹类型	剪跨比	翼缘宽度/mm	约束方钢管暗柱
TW1	0.1	波纹 1	纵向	2.0	750	有
LW2	0.2	波纹 1	纵向	2.0	750	有
LW3	0.2	波纹 2	纵向	2.0	750	有
LW4	0.2	波纹 1	横向	2.0	750	有
LW5	0.2	波纹 1	纵向	2.0	750	无
LW6	0.1	波纹 1	纵向	1.5	870	有
LW7	0.2	波纹 1	纵向	1.5	870	有
LW8	0.2	波纹 2	纵向	1.5	870	有
LW9	0.2	波纹 1	纵向	1.5	1080	有
LW10	0.2	波纹 1	纵向	2.0	1080	有

2.4　试件加工及制作

试件加工及制作过程如下：

（1）波纹钢板在工厂轧制而成，在其内侧波谷和波峰处分别进行栓钉焊接和机械冷钻开孔，其中开孔直径稍大于对拉螺杆直径。

（2）方钢管与波纹钢板采用同批次钢材，在其与墙体相连一侧钻孔以保证混凝土流通，通过焊接与波纹钢板相连。

（3）通过预紧对拉螺杆使两片波纹钢板相连，在最底排螺杆表面布置应变片，连接导线，采用环氧树脂封固后将导线从孔洞引出。

（4）将箍筋与纵筋绑扎成钢筋笼，为加强底座的强度和刚度，将角钢和纵筋分别焊于钢筋笼两侧，其中角钢方向与施荷方向垂直，纵筋方向与施荷方向平行，此外将墙体底部深入钢筋笼内。

（5）采用强度等级为 C40 的商品混凝土同时对墙体和底座进行浇筑，待混凝土达到养护龄期后，对墙体顶部进行磨平处理，将 30 mm 厚钢板焊接于墙体顶部。

（6）在波纹钢板外表面粘贴应变花，连接导线，再用环氧树脂封固。为方便观察试件鼓曲位置和破坏形态，在墙体表面喷漆以及绘制网格线，网格尺寸为 120 mm×120 mm；试验前，通过直径 36 mm 高强度螺栓将加载钢梁与墙体连接。

试件加工及制作流程如图 2-6 所示。

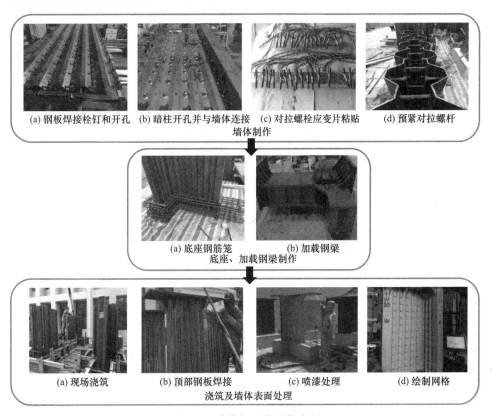

(a) 钢板焊接栓钉和开孔　(b) 暗柱开孔并与墙体连接　(c) 对拉螺栓应变片粘贴　(d) 预紧对拉螺杆
墙体制作

(a) 底座钢筋笼　　　　(b) 加载钢梁
底座、加载钢梁制作

(a) 现场浇筑　　(b) 顶部钢板焊接　　(c) 喷漆处理　　(d) 绘制网格
浇筑及墙体表面处理

图 2-6　试件加工及制作流程

2.5 材料力学性能测试

2.5.1 钢材力学性能

试件的波纹钢板和方钢管均采用 Q235 钢材，钢材厚度采用电子游标卡尺量测，钢材力学性能指标按《金属材料 拉伸试验 第1部分：室温试验方法》GB/T 228.1—2021 方法对留样进行拉伸试验，量测结果见表 2-4。

钢材力学性能　　　　　　　　　　　　　　　　　　　　　表 2-4

钢材类型	壁厚 t/mm	屈服强度 f_y/MPa	极限强度 f_u/MPa	弹性模量 E_s/MPa
波纹钢板	2.74	347.7	458.9	2.26×10^5
方钢管暗柱	2.89	332.5	433.0	2.08×10^5

2.5.2 混凝土力学性能

试件所用商品混凝土的强度等级为 C40，参照《混凝土物理力学性能试验方法标准》GB/T 50081—2019 预留 6 块尺寸为 150 mm×150 mm×150 mm 立方体试块，将其与试件在同条件下养护至规定龄期后，进行强度测试并采用相应公式进行力学性能指标换算，计算方法如下：

$$f_c = 0.88\alpha_1\alpha_2 f_{cu,k} \tag{2-2}$$

$$f_t = 0.35 f_{cu,k}^{0.55} \tag{2-3}$$

$$E_c = \frac{10^5}{2.2 + \dfrac{34.74}{f_{cu,k}}} \tag{2-4}$$

对于 C40 混凝土，α_1 取 0.76，α_2 取 1，计算结果见表 2-5。

混凝土力学性能　　　　　　　　　　　　　　　　　　　　　表 2-5

试块编号	立方体抗压强度平均值 $f_{cu,m}$/MPa	试块编号	立方体抗压强度平均值 $f_{cu,m}$/MPa
1	46.26	4	44.98
2	47.30	5	49.30
3	47.52	6	46.64
立方体抗压强度标准值 $f_{cu,k}$/MPa		42.96	
轴心抗压强度 f_c/MPa		28.70	
轴心抗拉强度 f_t/MPa		2.91	
弹性模量 E_c/MPa		3.32×10^4	

2.6 试验加载方案

2.6.1 加载装置

试件在恒定轴向荷载作用下，施加水平反复荷载，进行拟静力试验。试件所受恒定轴向荷载由布置于加载钢梁顶部的液压千斤顶提供，其荷载量程为 3000 kN；为使轴向荷载作用点保持原位，在液压千斤顶和反力钢架间放置滑动滚轴，并在加载过程中通过人工补强方式保证轴压力为恒定值。试件所受水平反复荷载由 2000 kN 的液压伺服作动器提供，其中作动器通过四根长螺纹杆与剪力墙试件顶部的加载钢梁相连。为避免试验过程中试件出现滑移，在试件底座两端布置固定钢梁，用四根地锚螺杆将试件锚固于试验室地面上。试验的加载装置示意及现场分别如图 2-7 和图 2-8 所示。

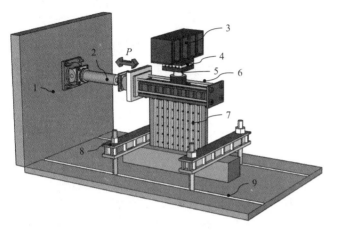

图 2-7　加载装置示意

图 2-8　试验现场

1—反力墙；2—作动器；3—加载钢梁；4—滑动滚轴；
5—液压千斤顶；6—长纹螺杆；7—试件；8—固定钢梁；9—地槽

2.6.2　试验加载制度

试验开始加载前，为消除试件内部组织的不均匀性，按竖向荷载 20% 进行预加载，随后加载至预定荷载值，安排专员对千斤顶油泵油压进行实时调节，以保证试验过程中轴压力为恒定值。

待轴压力稳定后，对试件施加水平反复荷载，规定作动器外推为正，内拉为负。根据《建筑抗震试验规程》JGJ/T 101—2015，试验加载全过程按位移控制，加载制度以层间位移角 Δ/H 为基准，其中 Δ 和 H 分别为作动器位移值和加载点到基础梁表面高度。加载制度为：规定 $\Delta/H=0.2\%$ 为第一级，之后按 $\Delta/H=0.2\%$ 的倍数进行加载，每级循环 3 次，直至承载力降至峰值荷载的 85% 后停止，加载制度如图 2-9 所示。

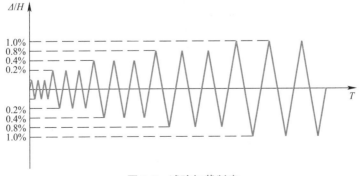

图 2-9　试验加载制度

2.7 试验量测内容及测点布置

试验过程中量测内容主要包括：轴压荷载、水平荷载、墙体水平位移及剪切变形、钢材及对拉螺杆的局部应变值、钢材鼓曲情况等。轴压荷载通过与千斤顶配套的精密油压表读数换算而得；试件加载点处的水平荷载及水平位移由作动器内置传感器获得；试件整体水平位移通过沿墙高线性布置电子位移计测量，同时在加载点和底座处分别布置一位移计用以修正；试件剪切变形通过沿斜拉方向的位移计测量；此外，试件波纹钢板、对拉螺杆和方钢管柱的关键部位应变由粘贴应变片测得；位移计数值和应变值均由 DH3821 静态应变采集系统进行实时采集；此外，试件的变形情况及破坏过程由专员进行记录。同类截面、不同试件的位移计和应变片个别会适当调整，但应变片和位移计布置与试件 W5、LW6 和 TW6 基本相同，如图 2-10 所示。

2.8 本章小结

本章共设计了 35 片双波纹钢板混凝土组合剪力墙试件进行低周反复荷载试验，叙述了轴压比、剪跨比、波纹类型（波纹尺寸和波纹方向）以及墙体约束构件（栓钉、对拉螺杆和方钢管边缘柱）等变化参数的取值范围；为满足加载条件，完成了加载钢梁和钢筋混凝土底座制作，对试件装配方案进行设计；详细描述了试件加工及制作过程，并完成了相关材料的力学性能测试；基于《建筑抗震试验规程》JGJ/T 101—2015，以层间位移角为基准进行位移控制加载；对试件关键部位进行应变片粘贴以及位移计布置，获取试件对应部位的变化规律。

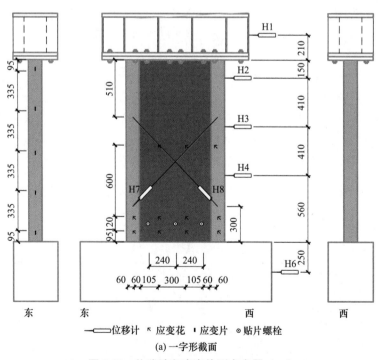

—□ 位移计　　应变花　　应变片　　贴片螺栓

(a) 一字形截面

图 2-10　位移计和应变片测点布置（一）

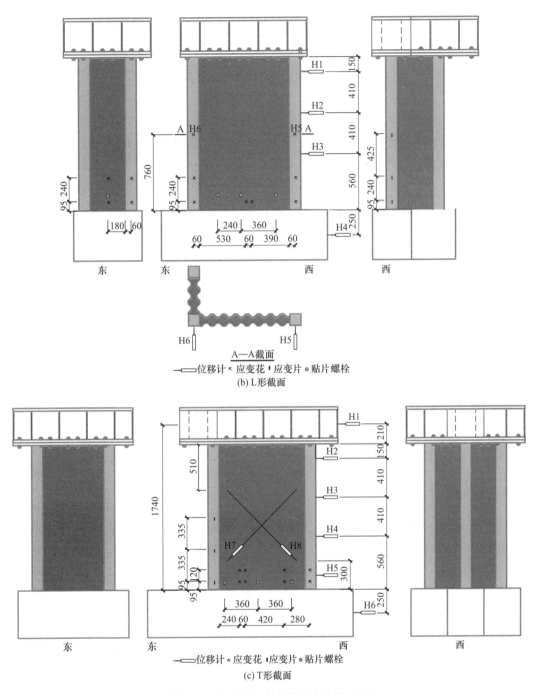

图 2-10　位移计和应变片测点布置（二）

本研究试验试件采用的钢筋混凝土底座，具有适应性强、制作成本低等优点，但是也存在质量大、抗拔构造要求等特点，需对双波纹钢板混凝土组合剪力墙埋置部分采取特别加强措施，以防止钢板混凝土组合墙被拔出，影响试验结果的准确性。在条件允许的情况下，可考虑采用钢箱混凝土底座，即底座外部全包钢板，波纹钢板底部与钢箱底部焊接连接。此加载底座可确保试件在试验加载下稳固可靠。

第 3 章

一字形双波纹钢板混凝土组合剪力墙抗震性能

3.1 概述

双波纹钢板混凝土组合剪力墙是一种具有良好应用前景的新型组合结构构件，其抗震性能是该新型组合结构构件推广应用的关键，亟需研究掌握。本章通过 13 个一字形双波纹钢板混凝土组合剪力墙和 2 个一字形平钢板混凝土组合剪力墙的抗震性能试验，重点研究了波纹类型（波纹方向、波纹尺寸）、墙体连接构件（栓钉、对拉螺杆）、轴压比、剪跨比等设计变化参数对一字形双波纹钢板混凝土剪力墙抗震性能的影响，细致观察其破坏形态，还获取了水平荷载-位移滞回曲线以及关键的抗震性能指标，并基于试验结果分析总结了试件破坏机理和设计参数对其抗震性能的影响规律。

3.2 试验现象及破坏形态

3.2.1 压弯破坏试件

压弯破坏形态是指加载破坏后试件的约束方钢管柱阳角处鼓曲明显甚至开裂，且钢管开裂处有混凝土粉末溢出，而墙体波纹钢板并无显著变化，发生此类破坏的试件包括 W1、W2、W4、W5、W7、W8、W9、W10、W11 和 W13。根据试验所观测到的现象，具体的破坏过程描述如下：

（1）弹性阶段：在试验加载初期，试件处于弹性阶段，其水平荷载-位移曲线基本呈线性变化，残余变形较小，试件表面无明显变化。

（2）弹塑性阶段：随着位移角的逐渐增大，水平荷载-位移曲线的斜率逐渐变小，试件的刚度减小，并出现残余变形。此过程中，能听到试件内部有声响传出，表明波纹钢板与内部混凝土间出现局部粘结破坏，同时试件的表观形态也发生了变化，两侧约束方钢管柱距离基础顶部约 3~8 cm 高且垂直于加载方向的一面首先出现微鼓曲，位移角进一步增大时方钢管柱在平行于加载方向的两面同高度处相继发现了鼓曲，最终约束方钢管柱形成一道环状鼓曲，水平荷载-位移曲线的峰值点也相继出现。其中，试件 W4、W7 和 W8 在位移角达到 1/125 时墙体约束方钢管柱出现微鼓曲，试件 W1 和 W5 在位移角达到 1/100 时墙体约束方钢管柱出现微鼓曲，而试件 W2、W9、W10、W11 和 W13 则在位移角达到 1/83.3 时墙体约束方钢管柱出现微鼓曲。

（3）破坏阶段：随着位移角的不断增大，两侧约束方钢管柱鼓曲环逐渐变得尖锐，鼓曲部位的油漆脱落。继续加载，部分试件的约束方钢管柱鼓曲过大并出现撕裂，混凝土粉末溢出，但墙体的波纹钢板并无明显屈曲，此时正负向的水平荷载均降至试验极限承载力的 85% 以下。除试件 W5 以外（此试件在位移角 1/50.0 时试件发出巨响，为保证安全试验终止），各试件在此状态时的位移角均大于 1/38.5。试件的典型破坏过程以及最终破坏状态分别如图 3-1 和图 3-2 所示。

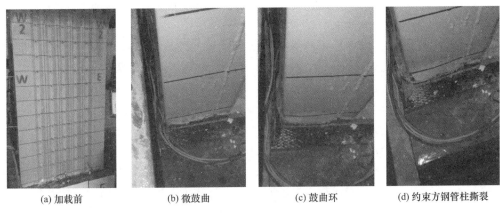

(a) 加载前　　　　(b) 微鼓曲　　　　(c) 鼓曲环　　　(d) 约束方钢管柱撕裂

图 3-1　压弯试件典型破坏过程

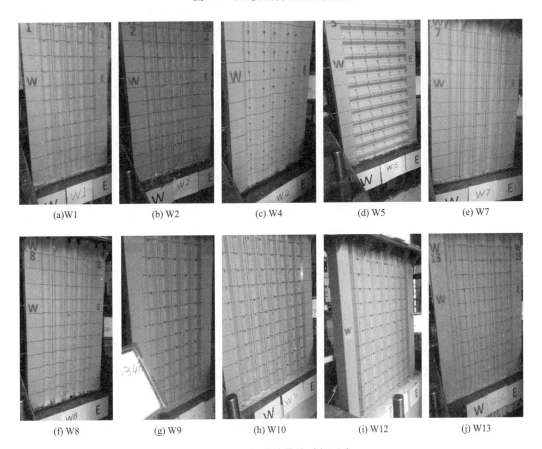

(a)W1　　　　(b) W2　　　　(c) W4　　　　(d) W5　　　　(e) W7

(f) W8　　　　(g) W9　　　　(h) W10　　　　(i) W12　　　　(j) W13

图 3-2　压弯试件最终破坏形态

3.2.2　压屈破坏试件

压屈破坏形态是指加载破坏后试件的约束方钢管柱阳角处鼓曲明显甚至开裂，钢管开裂处有混凝土粉末溢出，且约束方钢管柱鼓曲对应高度的墙体波纹钢板同样被压屈，发生此类破坏的试件包括 W3、W6、W12 和 W14，根据试验所观测到的现象，具体的破坏过程描述如下：

（1）弹性阶段：加载初期，试件处于弹性阶段，其水平荷载-位移曲线基本呈线性变化，残余变形较小，试件表面无明显变化。

（2）弹塑性阶段：随着位移角的逐渐增大，试件的刚度逐渐减小，水平荷载-位移曲线的斜率变小，并出现残余变形。当位移角为 1/100.0 时，两侧约束方钢管柱距离基础顶部约 3 cm 高且垂直于加载方向的一面首先出现微鼓曲，位移角增至 1/71.4～1/55.6 时方钢管柱在平行于加载方向的两面同高度处相继发现了鼓曲，最终位移角为 1/55.6 时约束方钢管柱形成一道环状鼓曲，水平荷载-位移曲线的峰值点也相继出现。

（3）破坏阶段：位移角继续增大，试件的水平荷载开始下降，两侧约束方钢管柱鼓曲环逐渐变得尖锐，鼓曲部位的油漆脱落。当位移角为 1/45.5 时，两侧约束方钢管柱距离基础顶部 12～15 cm 处平行于加载方向的两面出现新鼓曲，并且迅速向波纹钢板延伸，形成一条鼓曲带。位移角增至 1/41.7 时，各试件的水平荷载均降至试验极限承载力的 85% 以下，判定试件发生破坏，试验停止。特别的，试件 W14 在加载末期由于墙体与底座锚固力不足导致墙身轻微拔出，使得其鼓曲带发展较不充分。试件的典型破坏过程以及最终破坏状态分别如图 3-3 和图 3-4 所示。

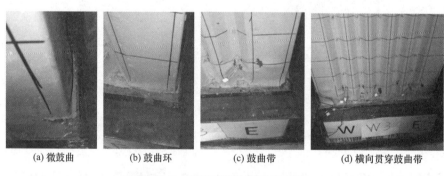

|(a) 微鼓曲|(b) 鼓曲环|(c) 鼓曲带|(d) 横向贯穿鼓曲带|

图 3-3　压屈试件典型破坏过程

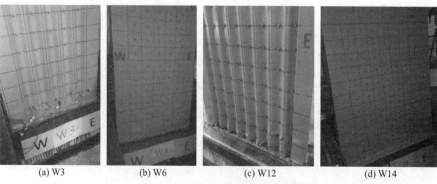

|(a) W3|(b) W6|(c) W12|(d) W14|

图 3-4　压屈试件最终破坏形态

3.2.3　约束失效破坏试件

约束失效破坏形态是指加载破坏后试件的约束方钢管柱没有鼓曲现象,而墙身的波纹钢板整体向外鼓胀,最终波纹钢板突然屈曲导致试件破坏。发生此类破坏的试件为 W15,根据试验所观测到的现象,具体的破坏过程描述如下:

(1) 弹性阶段:加载初期,试件处于弹性阶段其水平荷载-位移曲线基本呈线性变化,残余变形较小,试件表面无明显变化,但墙体内部发出连续的"叮当"脆响,试件墙体波纹钢板与混凝土界面粘结发生破坏,此时的位移角介于 $1/500.0 \sim 1/250.0$ 之间。

(2) 弹塑性阶段:随着位移角的逐渐增大,试件的刚度逐渐减小,水平荷载-位移曲线的斜率变小,并出现残余变形。当位移角大于 $1/250.0$ 时,试件墙体南侧波纹钢板开始整体向外鼓胀,继续加载,波纹钢板的整体变形仍较为均匀,无明显的局部鼓曲。

(3) 破坏阶段:当位移角增至 $1/83.3$ 时,试件墙身波纹钢板底部距离基础顶面约 5 cm 高处突然出现连续的屈曲褶皱,此时试件的水平荷载快速下降,在位移角为 $1/71.4$ 时,试件的水平荷载均降至试验极限承载力的 85% 以下,判定试件发生破坏,试验停止。试件的典型破坏过程以及最终破坏状态如图 3-5 所示。

(a) 鼓曲前　　　　(b) 波纹钢板鼓胀　　　　(c) 波纹钢板屈曲　　　　(d) 最终破坏形态

图 3-5　约束失效试件破坏过程及最终破坏形态

3.2.4　破坏特征分析

所有一字形双波纹钢板混凝土组合剪力墙试件的破坏形态可以分为三类:压弯破坏、压屈破坏和约束失效破坏,各类破坏模式的细部形态如图 3-6 所示,其与试件的轴压比、剪跨比、波纹类型以及墙体连接构件有关。当试件轴压比较小时($n=0.1$,$n=0.2$),大剪跨比或小剪跨比且布置连接构件的试件均发生压弯破坏,具体表现为试件破坏时约束方钢管柱阳角处鼓曲明显甚至开裂,且钢管开裂处有混凝土粉末溢出,而墙体波纹钢板并无显著变化。首先,这说明在墙肢的高宽比较大时,在剪力方向上波纹钢板与混凝土较大的粘结强度能够很好地保证二者间的协同工作能力,且波纹钢板较大的面外刚度也有效地防止了墙体的屈曲;其次,也说明即使试件的高宽比较小,仍可通过增设连接构件增强波纹钢板对混凝土的约束作用,保证墙体的协同工作性能。当试件的轴压比较大($n=0.4$)或波纹类型为平钢板时,试件的破坏模式均为压屈破坏,具体表现为试件破坏时约束方钢管柱阳角处鼓曲明显甚至开裂，钢管开裂处有混凝土粉末溢出，且约束方钢管柱鼓曲对应高度的墙体波纹钢板同样被压屈。此类破坏模式与压弯破坏的区别主要在于波纹钢板混凝土组合墙体也发生了明显的屈服现象，在沿剪力方向且距离试件基础顶部 12～15 cm 内形成了一条鼓曲带。这说明轴压比较大时，试件在破坏时局部的屈曲会更加严重，塑性铰的高度也会增加；此外，轴压比较小时，由于平钢板的抗弯刚度较小，两排连接构件之间的钢板仍会因混凝土的膨胀应力过大发生明显屈服。当试件轴压比较小时（$n=0.1$，$n=0.2$），剪跨比较小（$\lambda=1.5$）且未布置连接构件时则发生约束失效破坏。具体表现为试件破坏时约束方钢管柱没有鼓曲现象，而墙身的波纹钢板整体向外鼓胀，最终波纹钢板突然屈曲。此类破坏说明当波纹钢板混凝土组合墙体的高宽比较小时，较宽的墙肢使得波纹钢板整体的抗弯刚度减弱，其对内部混凝土的约束能力也相应下降。若不设置相应的连接构件，波纹钢板易出现局部失稳，最终导致墙体的承载力丧失。

(a) 压弯破坏　　　　　　　　(b) 压屈破坏　　　　　　　　(c) 约束失效破坏

图 3-6　各类破坏模式的细部形态

3.3　受力机理分析

3.3.1　压屈破坏

在低周反复荷载作用下，试件 W3、W6、W12、W14 和 W15 发生压屈破坏，以试件 W12 为代表试件来分析一字形试件压屈破坏时的受力机理。图 3-7 给出了试件 W12 关键点位的应变数据图，其中图 3-7(a) 为边缘约束方钢管柱底的应变-位移角（位移）曲线图；图 3-7(b) 为试件底排对拉螺杆的应变-位移角（位移）曲线图；图 3-7(c) 为试件底部 95 mm 高度处沿墙体截面高度方向的竖向应变分布情况；h_c 表示应变片测点到试件外边缘的距离。

试件处于弹性状态时，试件的方钢管柱底、底排螺杆和沿墙体宽度各点的应变值均较小，其中底排螺杆的应变值最小，故此阶段主要由钢板和混凝土共同承担荷载，试件残余变形小。试件进入弹塑性状态后，由图可知，试件边缘约束方钢管柱底和底排螺杆的应变逐渐增大，且边缘约束方钢管柱底应变增大速率快，其值远大于底排螺杆的应变，说明螺杆参与抵抗压弯的作用不明显。随着低周反复试验的进行，试件边缘约束方钢管柱底部出现鼓曲环，此时试件底部的钢板受拉应变小于受压应变，表明了此时钢板主要承受压应力。由图 3-7(c) 可知，此阶段中，试件两端边缘约束方钢管柱的应变大于墙身钢板，说明边缘约束方钢管柱参与抵抗压弯的作用较墙身大。试件达到峰值荷载后进入破坏阶段，此后边缘约束方钢管柱鼓曲环逐渐变得尖锐。除螺杆外，其余位于受拉区和受压区构件的拉（压）应变值均超过其屈服应变值，试件整体压应变值约为拉应变值的 1.6 倍。同时两端约束方钢管柱的应变值越来越小，说明钢板的作用也开始减小，此阶段主要由核心混凝土承受压应力。破坏形式表现为小偏压破坏。沿墙体宽度各测点的竖向应变分布基本呈线性，即符合平截面假定。

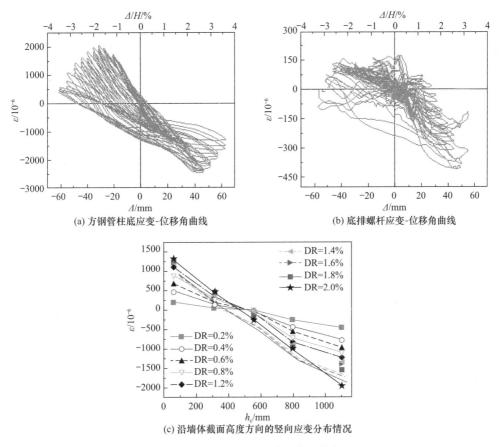

(a) 方钢管柱底应变-位移角曲线　　　　　　　　　　(b) 底排螺杆应变-位移角曲线

(c) 沿墙体截面高度方向的竖向应变分布情况

图 3-7　压屈破坏典型试件的应变曲线图

3.3.2　压弯破坏

在低周反复荷载作用下，试件 W1、W2、W4、W5、W7、W8、W9、W10、W11 和 W13 发生压弯破坏，以试件 W4 为代表试件来分析一字形试件压弯破坏时的受力机理。图 3-8 给出了试件 W4 关键点位的应变数据图，其中图 3-8(a) 为边缘约束方钢管柱底的应变-位移角（位移）曲线图，图 3-8(b) 为试件底排螺杆的应变-位移角（位移），图 3-8(c) 为试件底部 95 mm 高度处沿墙体截面高度方向的竖向应变分布情况，h_c 表示应变片测点到试件外边缘的距离。

由图 3-8 能明显看出加载初期即试件处于弹性状态时，试件的方钢管柱底、底排螺杆和沿墙体宽度各点的应变值均较小，试件表面未产生明显变化，此阶段主要由钢板和混凝土共同承担荷载。加载中期，试件进入弹塑性状态后，试件出现残余变形，边缘约束方钢管柱底和螺杆的应变均逐渐增大。同时，试件内部不断有响声传出，这表明核心混凝土开裂，波纹钢板与内部混凝土间出现局部粘结破坏。随着加载的进行，沿墙体宽度方向的竖向应变不断增大，其中两端边缘方钢管柱的应变最大，这与试验过程中边缘方钢管柱底部首先出现鼓曲现象相对应。此时钢板主要承受拉应力，钢板未屈服。随着边缘方钢管柱底的鼓曲不断向两个侧面延伸发展并形成鼓曲环，钢板承受的拉应力变大，且底部螺杆抵抗荷载作用逐渐增大，应变增长较快。与压屈破坏类似，试件两端边缘约束方钢管柱的应变大于墙身钢板，说明压弯破坏模式下，边缘约束方钢管柱参与抵抗压弯的作用依旧较墙身大。试件在经历峰值荷载后，试件的约束方钢管柱鼓曲过大并出现撕裂现象，钢板达到屈服应变。由图3-8(c)可知，钢板的总体拉应变明显大于压应变。此阶段中，试件受力状态由钢板和混凝土共同承担荷载向核心混凝土主要承担荷载转变，螺杆应变值较小，参与抵抗压弯的作用不明显。试件的破坏形式为边缘约束方钢管柱底钢板被撕裂，核心混凝土呈粉末溢出，说明此时核心混凝土已被压碎，应变片达到极限应变而失效。破坏形式表现为大偏压破坏。从整体上看，沿墙体宽度各测点的竖向应变分布基本呈线性，即符合平截面假定。

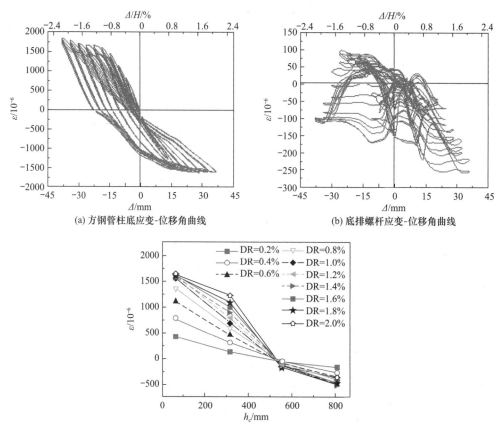

(a) 方钢管柱底应变-位移角曲线　　　　(b) 底排螺杆应变-位移角曲线

(c) 沿墙体截面高度方向的竖向应变分布情况

图 3-8　压弯破坏典型试件的应变曲线图

3.4　试验结果及分析

3.4.1　滞回曲线

　　试件在低周往复荷载作用下荷载-位移之间的关系曲线称为滞回曲线，滞回曲线是试件抗震性能分析的基础，可以反映出试件在弹塑性阶段的受力特点。各试件的水平荷载-位移（位移角）滞回曲线如图3-9所示。

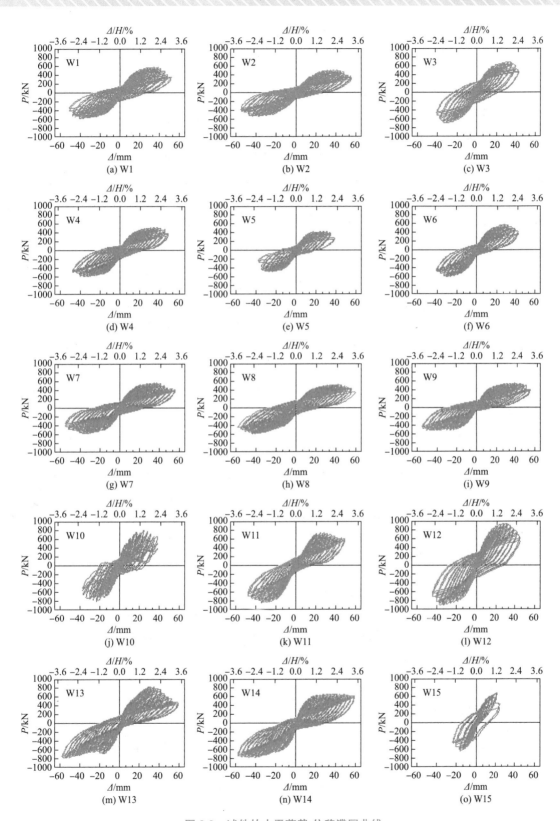

图 3-9　试件的水平荷载-位移滞回曲线

（1）由图 3-9 可见，整体上各试件的滞回曲线均较为饱满，试件 W11 的曲线数据抖动较为显著，其原因是地锚梁在试件基础位置上的紧固位置过于靠外，在加载过程中，观察到试件基础同墙身交界处部分混凝土大量开裂，缺乏有效约束，当水平位移角加载到各循环的峰值时，墙身有轻微拔出现象；同时，试件 W15 在加载末期由于墙体与底座锚固力不足，导致墙身轻微拔出使得其承载力无法下降到峰值荷载的 85% 以下，极限荷载与极限位移数据失真。加载初期，各试件水平荷载-位移曲线的加载曲线与卸载曲线基本一致，试件进行卸载后没有出现残余变形，滞回环面积不大；随着位移角的增大，残余变形在卸载时产生，在未到达峰值荷载时的同一加载幅值下，三次循环的荷载峰值下降和刚度衰减均不明显；峰值荷载到达后，各试件的变形继续加大，承载力缓慢下降. 同一加载幅值中后两次循环的曲线斜率出现了下降，可看出发生了明显的刚度退化，同时残余变形急剧增大，滞回现象明显，滞回环面积不断增大。

（2）结合试验设计参数来看，本试验范围内增大轴压比可以提升试件的峰值荷载，并使其滞回曲线更为饱满；剪跨比变小会使得试件的峰值荷载得到增加，但曲线会出现一定的"捏缩"现象。就波纹类型而言，波纹钢板试件比平钢板试件的峰值荷载更大，且滞回曲线更加饱满；竖向波纹试件的峰值荷载远大于横向波纹试件的，其在峰值后荷载的下降也明显更加缓慢；此外，宽、窄波纹钢板对于试件的滞回曲线影响较小。对于连接构件类型，在大剪跨比情况下，其对一字形双波纹钢板混凝土剪力墙试件的滞回曲线影响较小；然而，在小剪跨比时，未布置连接构件的试件在峰值荷载后承载力下降迅速，试件由于约束不足迅速发生破坏。

3.4.2　骨架曲线

如图 3-10 所示，各试件骨架曲线是将试件滞回曲线各级加载下第一次循环的荷载峰值点所连接而得。同时各试件屈服荷载和屈服位移是采用"几何作图法"从骨架曲线中提取得到的，破坏位移则参照我国行业标准《建筑抗震试验规程》JGJ/T 101—2015 取值，为对应于荷载下降到 85% 峰值荷载的位移值，表 3-1 所列数据包括一字形双波纹钢板混凝土剪力墙试件受力过程的屈服、峰值、破坏点对应的荷载和位移参数。

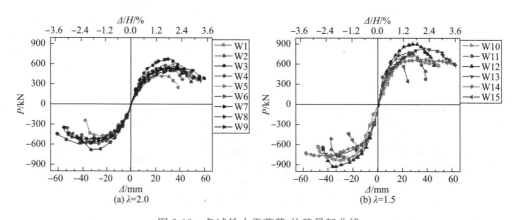

图 3-10　各试件水平荷载-位移骨架曲线

由图 3-10 可见，各试件的骨架曲线均呈 S 形，曲线大致可分为弹性阶段、弹塑性阶段和下降阶段。加载初期，波纹钢板与混凝土均处于弹性受力阶段，二者协同工作，曲线呈直线上升，刚度保持不变；随着混凝土受力破碎以及波纹钢板受力屈服，骨架曲线进入弹塑性阶段，表现为曲线斜率减小。此时试件的损伤开始累积，同时刚度也出现退化，当波纹钢板完全屈服时，骨架曲线的峰值点随之出现；水平位移继续增大，骨架曲线进入下降阶段，此时混凝土破碎愈发严重，波纹钢板也出现严重鼓曲或撕裂现象，标志着试件逐步发生破坏，已不具备承载能力。从骨架曲线的形状来看，轴压比和剪跨比对其影响较大，剪跨比较小的试件曲线的峰值更高，且轴压比增大能使曲线的峰值进一步提高。连接构件对小剪跨比试件的曲线形状影响比大剪跨比试件更为显著，主要体现在曲线的峰值高度和下降段速率上，小剪跨比无连接构件试件的曲线的峰值较小，峰值后下降速率较快。此外，波纹类型中波纹方向同样对试件骨架曲线的峰值高度和下降段速率影响显著，表现为横向波纹试件的峰值较小，峰值后下降速率较快。

实测荷载-位移骨架曲线受力特征值 　　　　　　　　　　　　　表 3-1

试件编号	加载方向	屈服点		峰值点		极限点	
		P_y/kN	Δ_y/mm	P_u/kN	Δ_u/mm	P_f/kN	Δ_f/mm
W1	正向	405.19	11.66	580.83	38.28	493.71	44.89
	反向	388.03	11.48	571.98	38.28	486.18	51.68
	均值	396.61	11.48	576.41	38.28	489.94	48.37
W2	正向	291.43	10.09	509.17	41.59	432.79	50.98
	反向	315.09	10.44	522.11	42.98	443.79	50.46
	均值	303.26	10.27	515.64	42.28	438.29	50.81
W3	正向	489.44	11.31	691.18	28.01	587.50	37.41
	反向	438.18	11.14	682.33	31.67	579.98	38.45
	均值	463.81	11.14	686.76	29.93	583.74	37.93
W4	正向	329.89	9.22	526.20	38.11	447.27	44.20
	反向	387.81	10.09	576.31	36.02	489.86	44.02
	均值	358.85	9.57	551.26	37.06	468.57	44.02
W5	正向	325.09	8.87	429.64	27.49	365.19	33.93
	反向	344.78	9.74	467.60	26.80	397.46	38.45
	均值	334.94	9.22	448.62	27.14	381.33	36.19
W6	正向	409.09	10.44	586.87	27.67	498.84	35.32
	反向	407.20	10.44	590.41	27.32	501.85	37.41
	均值	408.14	10.44	588.64	27.49	500.34	36.37
W7	正向	373.06	9.92	565.51	34.10	480.68	42.28
	反向	385.34	10.09	581.62	33.93	494.38	48.37
	均值	379.20	10.09	573.57	33.93	487.53	45.24
W8	正向	344.36	11.48	525.41	37.76	446.60	45.41
	反向	411.29	12.70	584.19	45.76	496.56	54.98
	均值	377.83	12.18	554.80	41.76	471.58	50.29
W9	正向	402.41	11.48	540.79	40.19	459.67	53.42
	反向	364.89	11.14	523.27	44.37	444.78	52.03
	均值	383.65	11.31	532.03	42.28	452.23	52.72

续表

试件编号	加载方向	屈服点		峰值点		极限点	
		P_y/kN	Δ_y/mm	P_u/kN	Δ_u/mm	P_f/kN	Δ_f/mm
W10	正向	466.85	11.31	726.04	24.53	617.13	46.63
	反向	522.92	11.14	849.27	30.45	721.88	46.98
	均值	494.88	11.22	787.66	27.49	669.51	46.81
W11	正向	508.62	6.96	781.09	24.53	663.93	33.41
	反向	469.10	7.31	815.45	23.84	693.13	36.37
	均值	488.86	7.13	798.27	24.19	678.53	34.97
W12	正向	663.83	11.48	908.78	27.67	772.46	37.93
	反向	669.90	11.66	928.43	37.06	789.17	41.06
	均值	665.37	11.48	918.61	32.36	780.81	39.50
W13	正向	551.65	12.01	846.03	36.37	719.13	53.07
	反向	528.80	10.96	770.78	40.54	655.16	48.89
	均值	540.23	11.48	808.41	38.45	687.14	50.98
W14	正向	475.98	9.05	676.47	38.45	—	—
	反向	528.01	10.44	769.68	41.41	—	—
	均值	502.00	9.74	723.08	39.85	—	—
W15	正向	470.34	8.00	649.31	17.75	551.91	20.36
	反向	434.49	7.66	623.86	16.88	530.28	20.88
	均值	452.42	7.83	636.59	17.40	541.10	20.53

3.4.3　强度退化

若试件承受反复的水平荷载，其承载能力将随循环次数的增加逐渐减小，在加载中后期试件的累积损伤逐渐增大，强度迅速退化，直接影响结构的整体抗震性能，因此评价试件抗震性能的重要指标之一就是其强度退化规律。对于承受低周反复荷载的钢管混凝土柱，其承载力变化规律表现为先增大再减小，在钢管混凝土的相关文献中一般也将这种规律统称为"强度退化"。双波纹钢板混凝土组合剪力墙由钢板与混凝土组合而成，在结构形式和材料组合上与钢管混凝土存在相似之处。故为更好地表现试件的强度退化规律，本书引入强度退化系数 η_j 作为研究指标。强度退化系数 η_j 是指同一位移幅值下最后一次循环的峰值点荷载值与第一次循环的峰值点荷载值之比。η_j 的计算方法如下：

$$\eta_j = \frac{p_j^{\min}}{p_j^{\max}} \tag{3-1}$$

式中：$p_j^{\max}$ 为加载级数为 j 时，第一次循环的荷载最大值；$p_j^{\min}$ 为加载级数为 j 时，最后一次循环的荷载最大值。

图 3-11 为各试件的强度退化曲线，其中试件 W11 由于测量误差及试件基础破坏严重，导致其强度变化系数波动大，分析中不做考虑。由图 3-11 可见，随着加载位移角的逐渐增大，试件的强度退化程度基本上呈增大趋势，且剪跨比较大试件的退化程度尤为显著。整体上，一字形双波纹钢板混凝土组合剪力墙试件强度变化系数集中在 0.8～1.0 且退化较为稳定，这是由于方钢管柱的核心混凝土虽然已破坏碎裂，但端柱钢板和墙体钢板均未

撕裂，仍具有一定的承压能力，强度下降缓慢。同时，在同一级加载位移下试件强度退化程度较小，说明承载力能维持在较稳定的水平。此外，试件的强度退化在峰值荷载后更为显著，说明累积位移循环幅值的加大使得试件的累积损伤也逐渐变大，最终使得试件强度退化迅速，而且峰值荷载后波纹钢板的屈服甚至撕裂以及混凝土的破碎均属于不可逆的损伤，损伤程度也在不断加大。

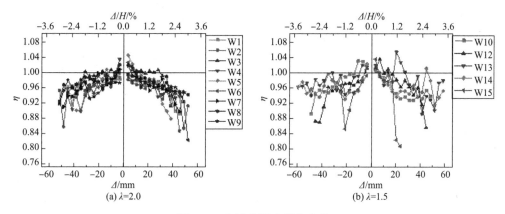

图 3-11　各试件强度退化曲线

3.4.4　刚度退化

在同一级位移下，当荷载循环次数增加时，试件的刚度将有所降低，根据刚度的降低率可以判断试件的耗能能力，本书采用计算环线刚度值 K_j 来描述试件刚度退化规律。环线刚度为同一加载级下多次加载循环的平均荷载与平均位移的比值。环线刚度越大，环线刚度降低率越小，表明试件耗能能力越好。K_j 计算方法如下：

$$K_j = \frac{\sum\limits_{i=1}^{n} P_j^i}{\sum\limits_{i=1}^{n} \Delta_j^i} \tag{3-2}$$

式中：P_j^i 为加载级数为 j 时，第 i 次循环的荷载最大值；Δ_j^i 为加载级数为 j 时，第 i 次循环的位移最大值。

图 3-12 为各试件的环线刚度退化曲线，由图 3-12 可见，不同参数试件的刚度退化曲线大致相同，均呈先快后慢的退化规律，且刚度退化伴随着整个加载过程。由于顶部滚轴摩擦力、作动器与试件接触面安装间隙以及位移传感器的灵敏度等加载设备因素的影响，部分试件的初始刚度退化有小幅的波动。在试验初始阶段，波纹钢板剪力墙的刚度退化较快，这是由于在受力过程中裂缝不断产生的同时还发生了钢板和混凝土之间的局部粘结破坏，钢板逐渐进入屈服状态；当试件进入弹塑性阶段后，混凝土裂缝发展稳定，约束方钢管柱底部的钢板进入一种受压屈服-受压鼓曲交替的状态，故刚度退化速度减慢，试件破坏时各试件的刚度退化曲线趋于一致。试验范围内轴压比越大试件的刚度退化速率明显缓于轴压比较小试件的，大剪跨比试件的初始刚度显著大于小剪跨比试件的，而刚度退化速率受波纹类型、连接构件类型的影响不大。

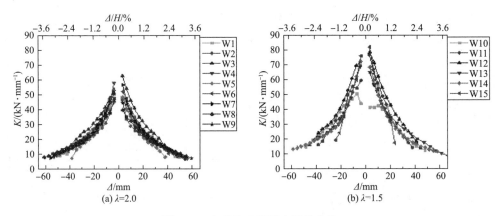

图 3-12   各试件环线刚度退化曲线

3.4.5   层间位移角

我国现行规范《建筑抗震设计规范》GB 50011—2010（2016 年版）规定：罕遇地震作用下，为防止结构整体倒塌，结构弹塑性层间位移角不得小于容许位移角限值的 1/50。除试件 W15 外，各试件的极限层间位移角的均值全部超过 1/50，且多数试件的极限层间位移角大于 1/40，这说明一字形双波纹钢板混凝土剪力墙试件的性能充分满足规范所规定的限值要求。试件 W15 的极限层间位移角小于规范限值 1/50，表明对于小剪跨比一字形双波纹钢板混凝土剪力墙，合理地配置连接构件可以增强波纹钢板与混凝土间的协同工作能力，改善其抗倒塌能力。

3.4.6   耗能能力

在进行低周往复加载时试件的振动位移在阻尼的作用下，随振动次数的增加而逐渐减小直至完全停止振动，称为试件的耗能能力。耗能能力是试件抗震性能的重要评估指标之一，本书根据抗震试验规程的建议，采用等效黏滞阻尼系数 h_e、单个循环耗能 E_i 和累积耗能 E_{ij} 来量化分析试件的耗能能力。其中，等效黏滞阻尼系数按式（3-3）计算得到：

$$h_e = \frac{S(ABC+CDA)}{2\pi \cdot S(OBE+ODF)} \tag{3-3}$$

式中：$S(ABC+CDA)$ 为试件一个滞回环包围的面积，$S(OBE+ODF)$ 为三角形 OBE 和三角形 ODF 的面积之和，如图 3-13 所示。

图 3-14 给出了所有试件每一屈服位移级数下第一个滞回环对应的等效黏滞阻尼系数 h_e 随水平位移（位移角）的变化曲线。由图 3-14 可见，随着位移角的增大，试件的等效黏滞阻尼系数逐渐增大。加载初期，由于加载的墙顶水平位移不大，测量相对误

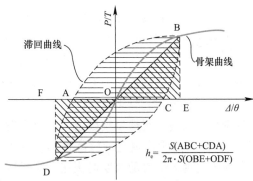

图 3-13   等效黏滞阻尼系数计算模型

差较高，其等效黏滞阻尼系数波动较大。而且一般认为，只有当结构进入弹塑性阶段时才

能体现出其耗能能力，因此本书重点分析试件弹塑性阶段后的耗能规律。进入弹塑性阶段，试件发生屈服导致其等效黏滞阻尼系数的增长速率加快，峰值荷载后愈加明显。试验范围内轴压比增大，试件的等效黏滞阻尼系数更大，且随着加载的进行，差距会越来越大，表明设置合理的轴压比可以改善此类构件的耗能能力；此外，相同位移级数下，剪跨比较大试件的等效黏滞阻尼系数也明显大于剪跨比较小试件，横向波纹钢板试件在屈服后其等效黏滞阻尼系数增大速率显著快于竖向波纹钢板试件。

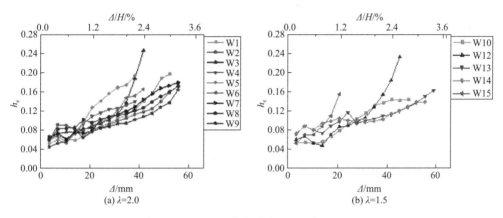

(a) $\lambda=2.0$　　　　　(b) $\lambda=1.5$

图 3-14　等效黏滞阻尼系数

等效黏滞阻尼系数反映了滞回曲线的饱满程度，而试件在加载过程中的实际耗能可采用单个循环耗能（E_i）和累积耗能（E_{ij}）表示，其中单个循环耗能是指单圈滞回曲线所包围的面积，即 S（ABC＋CDA）；累积耗能则为每个单圈滞回曲线所包围的面积之和。各试件的单个循环耗能-周数曲线如图 3-15 所示，累积耗能-周数曲线如图 3-16所示。随着循环周数的增加，试件的单个循环耗能以及累积耗能均显著增大，且增长速率在进入弹塑性阶段后也显著增大；轴压比较大试件的单个循环耗能以及累积耗能的增大速率均大于轴压比较小试件，破坏时轴压比较大试件的单个循环耗能更大，但累积耗能却更小，这是因为破坏状态时轴压比较大试件的层间位移角较小，循环周数更少。

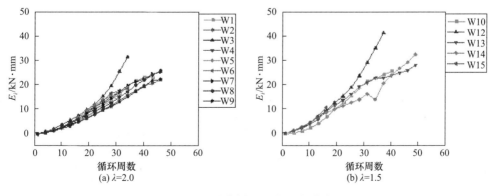

(a) $\lambda=2.0$　　　　　(b) $\lambda=1.5$

图 3-15　单个循环耗能-周数曲线

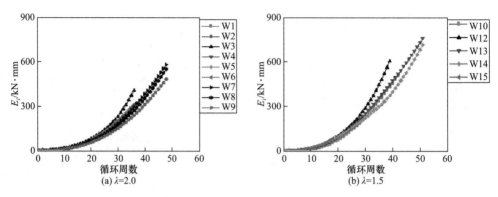

图 3-16 累积循环耗能-周数曲线

3.5 影响因素分析

3.5.1 波纹类型的影响

（1）波纹方向

由于波纹钢板存在强轴方向与弱轴方向之分，且在强轴方向能够承受较大的轴力、剪力或弯矩而不发生屈曲，因此本书研究了两种不同波纹方向（竖向、横向）的一字形双波纹钢板混凝土组合剪力墙的抗震性能。图 3-17 给出了两类构件的抗震性能指标对比情况，通过对比分析可以得到以下结论：

1）与横向波纹试件相比，竖向波纹试件的极限承载力提高了 28.3%，波纹钢板在强轴方向上具有更高承载力的优势，在竖向波纹试件中得以体现。

2）两者的初始刚度几乎相同，但横向波纹试件的刚度退化速度要稍快于竖向波纹试件的。

3）两类试件在峰值荷载前的强度退化系数均大于 0.9，说明均具有良好的承载能力，但峰值荷载后横向波纹试件的强度退化系数较小，荷载下降更加明显。

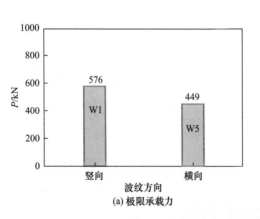

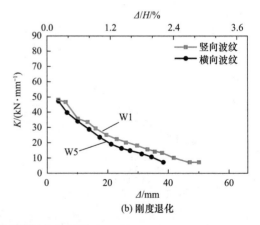

图 3-17 波纹方向对试件抗震性能指标的影响（一）

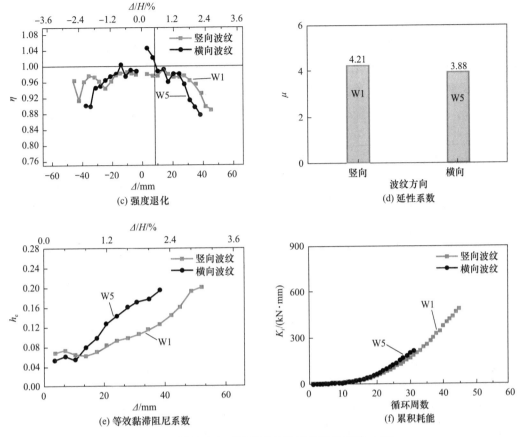

图 3-17　波纹方向对试件抗震性能指标的影响（二）

4）与横向波纹试件相比，竖向波纹试件的延性系数提高了 8.5%。这是因为波纹钢板屈曲后主要靠形成的拉力带继续承载，而竖向波纹钢板试件由于拉力带充分开展，其延性更为出色，总体上两类试件均具有优良的变形能力。

5）加载初期，两类试件的等效黏滞阻尼系数较为相近，随着位移的增大，两者之间的差距逐渐加大，同一时期横向波纹试件的耗能能力明显优于竖向波纹试件的。但是由于竖向波纹试件在峰值荷载后荷载降低较慢，其在整个加载过程的循环周数远远大于横向波纹试件的，因此累积耗能能力竖向波纹试件是远远优于横向波纹试件的。

（2）波纹尺寸

为研究波纹尺寸对一字形双波纹钢板混凝土组合剪力墙的抗震性能的影响，本书设置了不同波纹尺寸（窄波纹、宽波纹）的试件，并将其与平钢板试件进行对比分析。图 3-18 为波纹尺寸对试件抗震性能指标的影响，通过对比分析可以得到以下结论：

1）本试验设置的波纹尺寸对试件的极限承载力影响较小，与平钢板试件相比，剪跨比较大时波纹钢板试件的极限承载力与之相差较小，而剪跨比较小时波纹钢板试件的极限承载力与之差距增大且是大于平钢板试件的，说明波纹钢板试件在墙身横向截面面积小很多的情况下具有不亚于平钢板试件的水平承载能力，且在剪力占比大时表现更优。

2）不同剪跨比下，波纹尺寸对试件的刚度退化影响较小，波纹钢板试件与平钢板试件之间的刚度退化也差异较小，退化均较为平稳，说明双波纹钢板混凝土组合剪力墙结构具备良好的抗侧能力。

3）窄波纹、宽波纹以及平钢板试件的强度退化随加载位移的增大总体上呈增大趋势，其中波纹钢板试件的最终强度退化更大些。原因是波纹钢板与混凝土间协同能力更强，最终的破坏更加严重，强度退化也更严重。但各类试件破坏时的强度退化系数均大于 0.84，说明双波纹钢板混凝土组合剪力墙破坏时仍较好的承载能力。

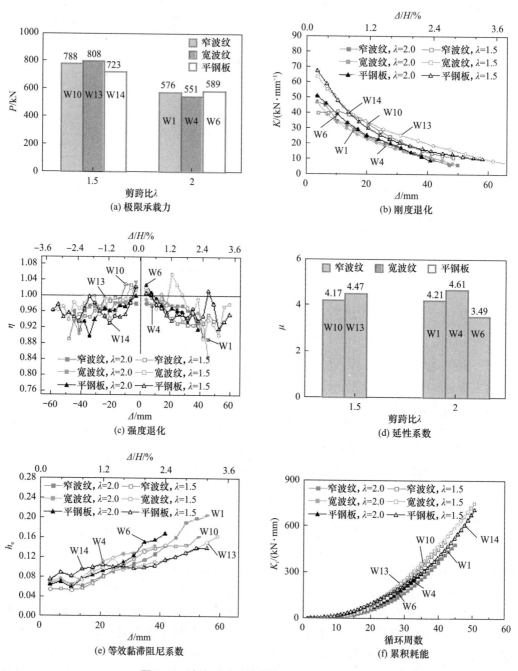

图 3-18　波纹尺寸对试件抗震性能指标的影响

4）相同剪跨比下，宽波纹试件的延性大于窄波纹试件的，平钢板试件的延性要远小于波纹钢板试件的；与 $\lambda = 2$ 的平钢板试件相比，对应剪跨比的窄波纹和宽波纹钢板试件的延性分别提升了 20.6% 和 32.1%，波纹钢板较大的面外刚度保证了波纹钢板混凝土组合剪力墙在受力过程中良好的变形能力。

5）各试件的等效黏滞阻尼系数在试件屈服后增长速率加快，此时各试件的耗能能力增强，且波纹钢板试件等效黏滞阻尼系数的增长速率大于平钢板试件的，窄波纹试件的增长速率又大于宽波纹试件的。各试件发生破坏时，波纹钢板试件的等效黏滞阻尼系数大于平钢板试件的。

6）剪跨比相同时波纹尺寸对试件的总耗能影响较小，总的来说，波纹钢板试件的耗能能力是优于平钢板试件的，且窄波纹试件更优。

3.5.2　墙体连接构件的影响

为保证双波纹钢板混凝土组合剪力墙中钢板与混凝土的协同工作，通常在组合剪力墙中设置连接件，《钢板剪力墙技术规程》JGJ/T 380—2015 推荐的连接件构造主要有对拉螺杆、栓钉、缀板以及几种连接方式混用的方式等，因此本书针对不同形式的连接构件对一字形双波纹钢板混凝土组合剪力墙的抗震性能的影响进行了探究。图 3-19 为墙体连接构件对试件抗震性能指标的影响，通过对比分析可以得到以下结论：

1）剪跨比较大试件中各形式连接构件的极限承载力差距较小，而剪跨比较小试件中栓钉和对拉螺杆对试件的极限承载力影响显著。与无连接构件试件相比，设置栓钉和对拉螺杆试件的极限承载力提高了 23.7%，这说明连接构件对小剪跨比试件水平承载力的提升更加显著。因为剪跨比较小试件的墙身高宽比更大，波纹钢板对内部混凝土的整体约束能力有限，此时设置连接构件将大大提升波纹钢板对混凝土的约束能力，进而保证两者之间的协同工作性能。

2）无连接构件试件的初始刚度较大，在受力破坏过程中其刚度退化速率最快。说明虽然波纹钢板的开孔以及焊接会造成自身强度的损伤，但波纹钢板与混凝土的良好连接可以延缓试件在受力破坏过程中的刚度退化；不同形式的连接构件中，综合试件初始刚度以及刚度退化速率来看对试件刚度性能改善能力从强到弱的顺序是：栓钉＋对拉螺杆、对拉螺杆、栓钉。

3）峰值荷载前设置连接构件试件的强度退化大于无连接构件的，而在试件破坏阶段规律却反之，这是因为到达峰值荷载时试件出现了波纹钢板屈服以及混凝土破碎现象。设置连接构件的试件在此之前由于波纹钢板与混凝土的连接组合更为紧密，因此抵抗破坏的能力更强，对应破坏时的强度损伤也就更大。在试件发生破坏后，连接构件所具备的强约束能力可继续保证试件的承载能力，降低试件的强度退化。

4）剪跨比较大试件中各形式连接构件的延性系数差距较小，且均大于 4，而剪跨比较小试件中栓钉和对拉螺杆对试件的延性影响显著。与无连接构件试件相比，设置栓钉和对拉螺杆试件的延性系数提高了 58%，这同样是剪跨比较小试件的墙身高宽比更小，波纹钢板对内部混凝土的整体约束能力有限造成的；由此可知，通过合理设置连接构件，一字形双波纹钢板混凝土组合剪力墙的延性系数均能大于 4，证明此类构件具有优良的变形能力。

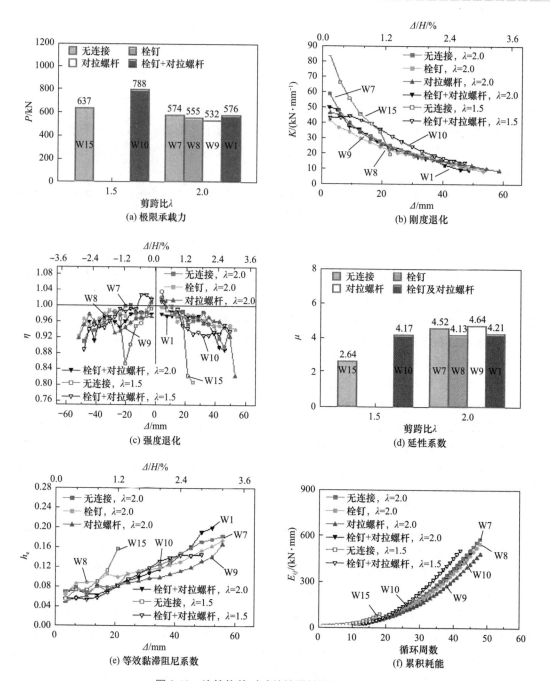

图 3-19　连接构件对试件抗震性能指标的影响

5）无连接构件试件的等效黏滞阻尼系数总体上是要大于设置连接构件试件的，且设置对拉螺杆试件的等效黏滞阻尼系数是小于设置栓钉试件的。是因为连接构件所提供的有效约束限制了波纹钢板的屈服变形，降低了试件的耗能能力，且约束更强的对拉螺杆降低更为显著。

6）同剪跨比下无连接构件试件的总耗能能力大于设置连接构件的，同样设置栓钉试件因其稍低的约束能力导致总耗能能力强于设置对拉螺杆试件的，需要强调的是试件 W15

由于约束不足致使其在加载过程中提前破坏，总耗能能力较小，此处不做对比分析；综上所述，设置连接构件后将降低一字形双波纹钢板混凝土组合剪力墙的耗能能力，且连接构件约束越强，降低越显著。

3.5.3　轴压比的影响

对不同类型、不同等级的剪力墙结构有轴压比限值的规定，旨在控制剪力墙达峰值荷载后抗侧承载力的下降程度，保证其足够的变形能力，提高结构安全度。因此本书以轴压比为变化参数，探讨了不同轴压比下一字形双波纹钢板混凝土组合剪力墙的抗震性能。图 3-20 为轴压比对试件抗震性能指标的影响，需要说明的是试件 W11 由于基础底座与墙体锚固不足，缺乏有效约束，在测试过程中曲线抖动严重，曲线的全过程分析时数据可参考性较低，因此将其舍去。具体体现在刚度退化、强度退化、等效黏滞阻尼系数以及累积耗能中，通过对比分析可以得到以下结论：

1）相同剪跨比下，随着轴压比的增大，试件的极限承载力呈逐渐增大的变化趋势。当试件的剪跨比分别为 $\lambda=1.5$ 和 $\lambda=2.0$ 时，与 $n=0.1$ 的试件相比，$n=0.4$ 试件的水平极限承载力分别增大了 15.2% 和 33.1%，因此合理地增大试件的轴压比，可有效地提升一字形双波纹钢板混凝土组合剪力墙的极限承载力。

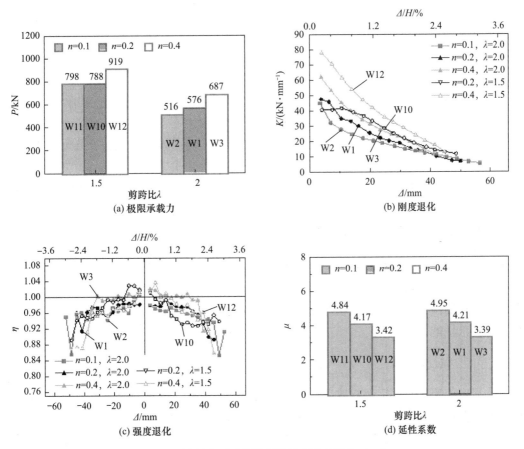

图 3-20　轴压比对试件抗震性能指标的影响（一）

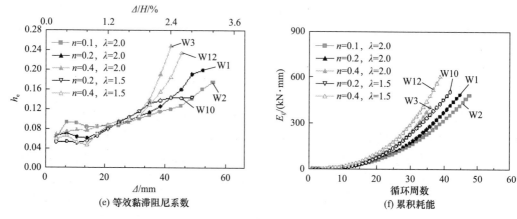

(e) 等效黏滞阻尼系数　　　(f) 累积耗能

图 3-20　轴压比对试件抗震性能指标的影响（二）

2）随着轴压比的增大，试件的初始刚度逐渐提升，当轴压比由 0.2 增至 0.4 时，初始刚度的提升尤为显著；相同加载位移下，轴压比较大试件的抗侧刚度均大于轴压比较小试件的，因此合理地增大试件的轴压比可有效地提升一字形双波纹钢板混凝土组合剪力墙的抗侧移能力；试件破坏时，不同轴压比试件的抗侧刚度值相近，说明轴压比较大试件的刚度退化速率要大于轴压比较小试件的。

3）峰值荷载前相同的加载位移下，随着轴压比的增大，试件的强度退化系数稍大些，但是峰值荷载后轴压比较大试件的强度退化速率突然加快，这说明轴压比增大可使试件前期的强度维持较稳定，一旦波纹钢板出现明显的屈曲后，试件的强度将显著降低，最终试件整体发生更严重的破坏。

4）随着轴压比的增大，试件的延性系数逐渐降低。当试件的剪跨比分别为 $\lambda=1.5$ 和 $\lambda=2.0$ 时，与 $n=0.1$ 的试件相比，$n=0.2$、$n=0.4$ 试件的延性系数分别降低了 13.8%、29.3% 和 14.9%、31.5%，说明轴压比的增大会导致一字形双波纹钢板混凝土组合剪力墙的延性变低，墙体的变形性能变差。

5）峰值荷载前，不同轴压比试件的等效黏滞阻尼系数差异较小，此时轴压比对试件的耗能能力影响较小；峰值荷载后，各试件的等效黏滞阻尼系数显著增大，轴压比较大试件的增幅更加显著，表明轴压比对试件破坏前的耗能能力影响较小。但增加轴压比能够提高试件破坏阶段的耗能能力，这是因为增大轴压比会导致试件破坏时波纹钢板的屈曲更加严重，更大的变形使试件内部所累积的能量充分释放。

6）在试件最终破坏前，轴压比较大试件的累积耗能能力总是大于轴压比较小试件的。且随着累积周数的增大，其累积耗能的差距逐渐增大，说明轴压比增大可以提高试件的总体能量耗散性能。

3.5.4　剪跨比的影响

为研究剪跨比对一字形双波纹钢板混凝土组合剪力墙的抗震性能，本书设计了两种不同剪跨比的试件进行对比分析，其中图 3-21 为剪跨比对各轴压比下试件抗震性能指标的影响，图 3-22 为剪跨比对各墙体构造下试件抗震性能指标的影响，结合图 3-21 和图 3-22 综合分析剪跨比的影响，可以得到以下结论：

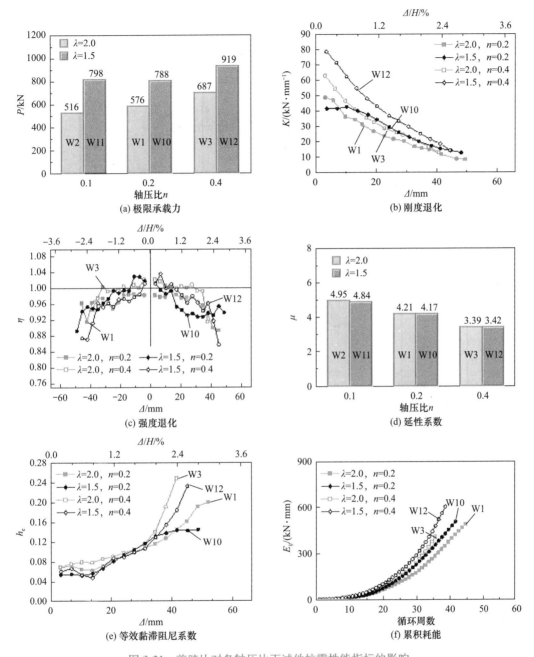

图 3-21　剪跨比对各轴压比下试件抗震性能指标的影响

1）随着剪跨比的增大，试件的极限承载力显著降低；与剪跨比较小试件相比，剪跨比较大试件的极限承载力降低幅度均在 10% 以上，平均降低值为 26%，因此剪跨比对一字形双波纹钢板混凝土组合剪力墙的极限承载力影响显著，要进行合理设计。

2）同一加载位移下，剪跨比较小试件的抗侧刚度远大于剪跨比较大试件的，最终破坏状态时不同剪跨比试件的抗侧刚度接近。因此剪跨比较小试件的刚度退化速率要大于剪跨比较大试件的，这是因为受剪力影响小剪跨比试件波纹钢板内部的混凝土更易发生破坏，导致试件的抗侧刚度退化更快。

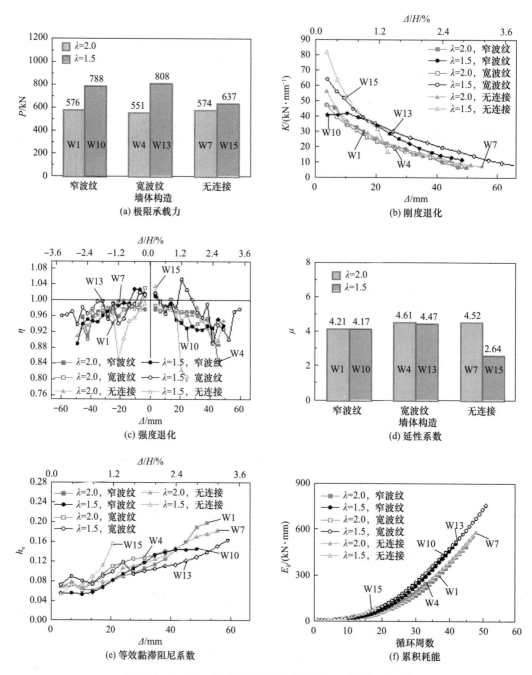

图 3-22　剪跨比对各墙体构造下试件抗震性能指标的影响

3）对比剪跨比较大试件，剪跨比较小试件的强度退化明显要更快，在无连接构件的试件中体现尤为显著，一方面说明剪跨比较小时试件的承载力更不稳定，另一方面也说明连接构件的设置可以减缓剪跨比较小试件的强度退化，保证其承载力的稳定性。

4）对比不同剪跨比试件的延性系数发现，本试验的剪跨比设计范围对一字形双波纹钢板混凝土组合剪力墙的延性影响较小，与剪跨比较大试件相比，剪跨比较小试件的延性有极小的降低；除发生约束失效的试件 W15 外，各试件的延性系数均大于 4，说明一字形双波纹钢板混凝土组合剪力墙具有优良的变形能力。

5）峰值荷载前，试件的等效黏滞阻尼系数受剪跨比的影响不大，不同剪跨比试件在同一加载位移下的耗能能力基本一致。但峰值荷载后，试件的等效黏滞阻尼系数显著增大，且剪跨比较大试件的等效黏滞阻尼系数明显大于剪跨比较小试件的，此时剪跨比较大试件更好的耗能能力得以凸显，原因是剪跨比较大试件在峰值荷载后波纹钢板的屈曲更加明显，试件通过变形释放内部能量的能力更强。

6）峰值荷载后，剪跨比较小试件的累积耗能量更大，说明在整个受力破坏过程中，剪跨比较小构件表现出更好的耗能能力。

3.6　本章小结

本章完成了 13 个一字形双波纹钢板混凝土组合剪力墙和 2 个一字形平钢板混凝土组合剪力墙的抗震性能试验研究，结合试验中观察到的破坏特征以及实测滞回曲线，深入分析了波纹类型（波纹方向、波纹尺寸）、墙体连接构件（栓钉、对拉螺杆）、轴压比（$n=0.1$，$n=0.2$，$n=0.4$）以及剪跨比（$\lambda=1.5$，$\lambda=2.0$）对试件抗震性能的影响规律，得到以下主要结论：

（1）试件的最终破坏形态可大致分为三种，即压弯破坏、压屈破坏和约束失效破坏，其中前两类破坏形态均出现约束方钢管柱阳角处鼓曲明显甚至开裂，钢管开裂处有混凝土粉末溢出现象，区别在于压屈破坏还伴随钢板发生严重屈曲，试验中压屈破坏主要出现在轴压比大或平钢板试件中；而第三类破坏形态的特征为约束方钢管柱没有出现鼓曲现象，墙身的波纹钢板整体向外鼓胀，最终发生突然屈曲，试验中约束失效破坏主要出现在无连接构件且剪跨比小的波纹钢板试件中。

（2）整体上各试件的滞回曲线均较为饱满，增大轴压比和减小剪跨比均可提升骨架曲线的峰值，且前者使得滞回曲线更加饱满，但后者则会造成滞回曲线出现"捏缩"；竖向波纹试件骨架曲线的峰值高于平钢板试件的，而平钢板试件的又高于横向钢板试件的，波纹钢板试件骨架曲线的下降更为缓慢且滞回曲线更加饱满；剪跨比大时，连接构件对试件的滞回曲线影响较小，剪跨比小时，无连接构件试件因为约束不足导致骨架曲线下降迅速。

（3）当波纹钢板的强轴方向（竖向波纹）与水平荷载垂直时，试件的极限承载力更大，强度及刚度退化更为缓慢，拉力带的充分开展使其延性更为出色；相同加载位移下，其耗能能力要弱于横向波纹试件，但累积耗能能力远远优于横向波纹试件。

（4）波纹钢板试件的极限承载力不亚于平钢板试件，且剪跨比较小试件中波纹钢板试件的承载力明显优于平钢板试件的；波纹钢板试件与平钢板试件的刚度退化差异较小均较为平稳，但波纹钢板试件的强度退化要高于平钢板试件的；此外，波纹钢板试件的延性与耗能均显著优于平钢板试件的。

（5）本试验中不同波纹尺寸试件的极限承载力、强度退化以及刚度退化均相差较小，但宽波纹试件的延性更优，而窄波纹试件的耗能能力却更优。

（6）连接构件对小剪跨比试件极限承载力的提升较为显著，且连接构件可以改善试件的抗侧刚度，改善能力从强到弱的顺序为：栓钉＋对拉螺杆＞对拉螺杆＞栓钉；对于设置连接构件的试件，由于约束增强在峰值荷载前试件的强度退化要大于无连接构件的，但强约束力也使得其在破坏阶段的强度退化小于无连接构件的；大剪跨比时，连接构件对试件的延性影响较小，小剪跨比时，设置连接构件试件的延性显著提升；此外，设置连接构件后将降低试件的耗能能力，且连接构件约束越强，降低越显著。

（7）随着轴压比的增大，不但试件的极限承载力随之增长，其初始抗侧刚度也逐渐提高，但其刚度退化速率也随之加快，其破坏阶段强度退化更为显著，其延性随之降低；峰值荷载前，不同轴压比试件的等效黏滞阻尼系数差异较小，峰值荷载后，各试件的等效黏滞阻尼系数显著增大，轴压比较大试件的增幅更加显著，在试件最终破坏前，轴压比较大试件的累积耗能能力总是大于轴压比较小试件的。

（8）随着剪跨比的增大，试件的极限承载力显著降低；同一加载位移下，剪跨比较小试件的抗侧刚度远大于剪跨比较大试件的，剪跨比较小试件的刚度及强度退化速率均大于剪跨比较大试件的；试验设计的剪跨比对试件的延性影响较小，与剪跨比较大试件相比，剪跨比较小试件的延性有极小的降低；峰值荷载后，剪跨比较大试件的等效黏滞阻尼系数明显大于剪跨比较小试件的，但剪跨比较小试件的累积耗能量更大。

第4章

L形双波纹钢板混凝土组合剪力墙抗震性能

4.1 概述

为深入分析低周反复荷载 L 形截面双波纹钢板混凝土组合剪力墙的破坏机理和滞回特性，基于同批次完成浇筑、加载的 10 个 L 形双波纹钢板剪力墙的抗震性能试验，重点研究了波纹类型（波纹方向、波纹尺寸）、翼缘宽度、剪跨比、轴压比以及有无边缘约束柱对 L 形双波纹钢板混凝土组合剪力墙抗震性能的影响，为后续关于异形截面双波纹钢板混凝土组合剪力墙承载力计算方法的提出提供试验支撑。同时，本章试验结果可为地震作用下的 L 形双波纹钢板混凝土组合剪力墙结构提供设计建议。

4.2 试验现象及破坏形态

4.2.1 压屈破坏试件

压屈破坏形态表现为边缘方钢管柱脚处受压屈服并形成鼓曲环，但试件未出现连贯的裂缝层，混凝土开裂后被压碎，与钢板之间失去粘结力。破坏时，竖向裂缝仅在方钢管柱的转角处可观察到，无水平裂缝，没有形成连贯的裂缝层。试件 LW3、LW5、LW6、LW7 和 LW10 在低周反复荷载作用下发生压屈破坏。根据试验所观测到的现象，具体的破坏过程描述如下：

（1）弹性阶段：加载初期，试件的水平荷载与位移近似为线性关系，残余位移较小，墙体发出"叮当"轻微脆响，但试件表面并未出现鼓曲。

（2）弹塑性阶段：随着位移角逐渐增大，水平荷载-位移曲线的斜率变小，并出现残余变形。此过程中墙体脆响声连续不断，说明混凝土与波纹钢板接触界面发生局部粘结破坏，同时距基础底座表面约 10 cm 处且垂直于加载方向的边缘方钢管柱一侧出现轻微鼓曲，随着位移角进一步增大，方钢管柱在平行于加载方向的两面同高度处出现鼓曲，最终方钢管柱三面鼓曲成环。此阶段中，试件 LW6、LW7 和 LW10 在位移角达到 1/125.0 时约束方钢管柱微鼓曲，而试件 LW3 和 LW5 则在位移角达 1/100.0 时约束方钢管柱出现微鼓曲。

（3）破坏阶段：随着位移角的不断增大，约束方钢管柱鼓曲环逐渐变得尖锐并伴有油漆脱落现象，继续加载至正负向水平荷载降至试验峰值荷载的 85% 以下，但钢材始终未出现撕裂现象。除试件 LW6 由于墙体与底座锚固力不足导致其在位移角 1/83.3 承载力降至 85% 外，各试件在此状态时的位移角均介于 1/35.7～1/31.3。试件的典型破坏过程以及最终破坏状态分别如图 4-1 和图 4-2 所示。

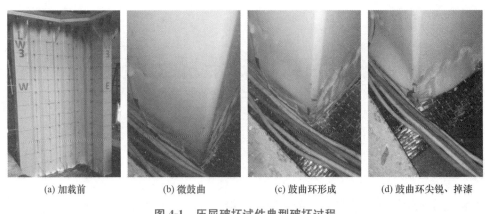

(a) 加载前   (b) 微鼓曲   (c) 鼓曲环形成   (d) 鼓曲环尖锐、掉漆

图 4-1　压屈破坏试件典型破坏过程

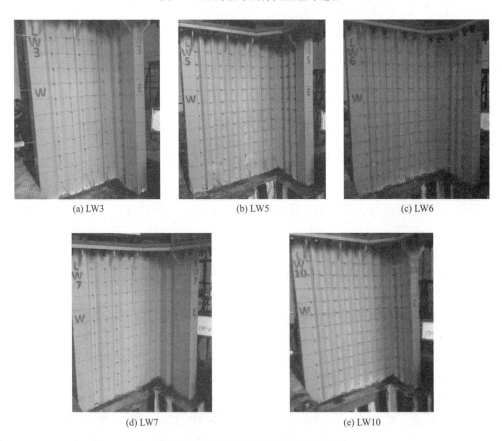

(a) LW3   (b) LW5   (c) LW6

(d) LW7   (e) LW10

图 4-2　压屈破坏试件的最终破坏形态

4.2.2　压弯破坏试件

压弯破坏形态是指加载破坏后试件的约束方钢管柱受压屈服出现鼓曲环外，方钢管柱

转角处出现较长竖向裂缝，且试件的水平方向表面也出现较宽水平裂缝，形成横纵连贯的裂缝层，导致被压碎混凝土外露，但墙身钢板尚未出现明显破坏。发生此类破坏的试件包括 LW1、LW2、LW4 和 LW9，具体破坏过程描述如下：

（1）弹性阶段：加载初期，试件的水平荷载与位移呈近似线性变化，残余变形较小，此时墙体发生轻微脆响，但试件表面无明显变化。

（2）弹塑性阶段：随着位移角逐渐增大，水平荷载-位移曲线的斜率变小，并出现残余变形。此过程中墙体脆响声连续不断，同时距基础底座表面约 10 cm 处且垂直于加载方向的边缘方钢管柱一侧出现轻微鼓曲，随位移角进一步增大，方钢管柱在平行于加载方向的两面同高度处出现鼓曲，最终方钢管柱三面鼓曲呈环。此阶段中，试件 LW1 和 LW4 在位移角达到 1/125.0 时约束方钢管柱微鼓曲，而试件 LW2 和 LW9 则在位移角达 1/100.0 时约束方钢管柱出现微鼓曲。

（3）破坏阶段：随着位移角增大，竖向裂缝出现在腹板边缘约束方钢管柱的转角处；接近破坏荷载时，水平裂缝迅速发展，横纵贯穿的裂缝层在约束方钢管柱处形成，试件内部被压碎的混凝土粉末溢出，正负向水平荷载下降为试验峰值荷载的 85% 以下，试验停止。此状态试件 LW1 和 LW2 的位移角介于 1/35.7～1/31.3，而试件 LW4 和 LW9 的位移角均为 1/55.6。试件的典型外观破坏变化过程和最终破坏形态如图 4-3、图 4-4 所示。

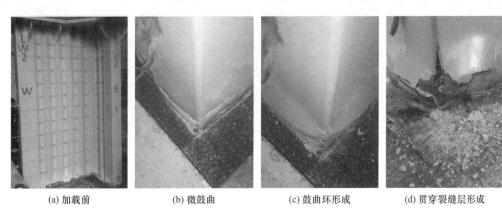

| (a) 加载前 | (b) 微鼓曲 | (c) 鼓曲环形成 | (d) 贯穿裂缝层形成 |

图 4-3　压弯试件典型破坏过程

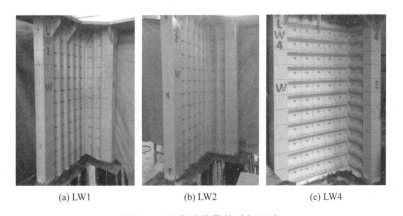

| (a) LW1 | (b) LW2 | (c) LW4 |

图 4-4　压弯试件最终破坏形态

4.2.3 约束失效破坏

约束失效破坏表现为墙角处出现竖向裂缝，随后裂缝沿波纹钢板水平方向延伸，波纹钢板整体向外鼓胀。发生此类破坏的试件为 LW8，具体的破坏过程描述如下：

（1）弹性阶段：加载初期，试件的水平荷载与位移近似呈线性关系，残余变形较小，此时墙体发生轻微脆响，但试件表面无明显变化。

（2）弹塑性阶段：当位移角增大至 1/250.0 时，试件刚度开始下降，水平荷载-位移曲线的斜率变小，并出现残余变形。此阶段试件墙肢尾端的封口钢板距底座表面约 10 cm 出现轻微鼓曲，同时伴有连续不断的脆响声。

（3）破坏阶段：当位移角增至 1/55.6 时，试件封口钢板与波纹钢板间的焊缝裂开，混凝土粉末溢出，裂口处的封口钢板及波纹钢板出现迅速出现新鼓曲，随位移角增大，鼓曲带平行于加载方向从焊缝处向波纹钢板延伸，在位移角达到 1/41.7 时，水平荷载降至峰值荷载的 85％ 以下，试验停止。试件的典型破坏过程以及最终破坏状态如图 4-5 所示。

(a) 加载前　　　(b) 焊缝开裂　　　(c) 裂缝贯穿　　　(d) 最终破坏形态

图 4-5　约束失效试件破坏过程及最终破坏形态

4.2.4 破坏特征分析

L 形双波纹钢板混凝土组合剪力墙试件的破坏形态主要分为三类，包括压屈破坏、压弯破坏和约束失效破坏，试件的各类破坏模式如图 4-6 所示，主要破坏形态及破坏模式见表 4-1。

(a) 压屈破坏　　　　　(b) 压弯破坏　　　　　(c) 约束失效破坏

图 4-6　各类破坏模式的细部形态

试件的主要破坏形态及破坏模式　　　　　　　　　　表 4-1

试件编号	轴压比	剪跨比	波纹类型	波纹方向	主要破坏特征	破坏形态
LW1	0.2	2.0	窄波纹	竖向	距方钢管柱底部 10 cm 处鼓曲或环，钢材沿竖向和水平向撕裂，内部压碎混凝土粉末溢出	压弯破坏
LW2	0.1	2.0	窄波纹	竖向	距方钢管柱底部 10 cm 处鼓曲或环，钢材沿竖向撕裂，内部压碎混凝土粉末溢出	压弯破坏
LW3	0.2	2.0	宽波纹	竖向`	距方钢管柱底部 10 cm 处三面鼓曲成环，鼓曲环较为尖锐	压屈破坏
LW4	0.2	2.0	窄波纹	横向	距方钢管柱底部 10 cm 处鼓曲或环，钢材沿竖向撕裂，内部压碎混凝土粉末溢出	压弯破坏
LW5	0.2	1.5	窄波纹	竖向	距方钢管柱底部 10 cm 处三面鼓曲成环，鼓曲环相对缓和	压屈破坏
LW6	0.1	1.5	窄波纹	竖向	距方钢管柱底部 10 cm 处三面鼓曲，但未连成环	压屈破坏
LW7	0.2	1.5	宽波纹	竖向	距方钢管柱底部 10 cm 处三面鼓曲成环，鼓曲环较为缓和	压屈破坏
LW8	0.2	2.0	窄波纹	竖向	距封口钢板底部 10 cm 处鼓曲或环，钢材沿竖向撕裂，内部压碎混凝土粉末溢出，鼓曲带向波纹钢延伸	约束失效破坏
LW9	0.2	2.0	窄波纹	竖向	距方钢管柱底部 10 cm 处鼓曲或环，钢材沿竖向和水平向撕裂，内部压碎混凝土粉末溢出	压弯破坏
LW10	0.2	1.5	窄波纹	竖向	距方钢管柱底部 10 cm 处三面鼓曲成环，鼓曲环较为尖锐	压屈破坏

　　由表 4-1 可知，试件的破坏形态和破坏模式主要与剪跨比、波纹钢板形状和约束方钢管柱设置有关。当剪跨比为 1.5 或剪跨比为 2.0 且采用宽波纹时，试件均发生压屈破坏，具体表现为腹板边缘方钢管柱受压屈服并鼓曲呈环状，但钢板并未有开裂现象；而相同条件下，剪跨比为 2.0 的试件则发生压弯破坏，最终表现为腹板边缘方钢管柱角竖向开裂并沿水平向扩展，压碎混凝土粉末溢出。这说明采用减小剪跨比或较大波距钢板可缓和试件的破坏程度。对于未设置约束方钢管柱的试件，破坏形态表现为封口板处钢材撕裂，压碎混凝土粉末溢出，同时波纹钢板鼓曲，属于约束失效破坏，而设置约束方钢管柱的试件波纹钢板并未鼓曲，这说明设置约束构件提高了试件抗弯刚度，有效防止了墙体的鼓曲，从而确保混凝土与钢板的协同工作。当试件采用横向窄波纹时，相比竖向窄波纹试件更早发生破坏，说明在低周反复荷载作用采用竖向窄波纹可提高剪力墙试件的抗弯刚度。此外，轴压比越大或翼缘宽度越小，试件的鼓曲环越尖锐且鼓曲区域增大，说明此时破坏程度越严重，塑性铰高度增加。

4.2.5　位移延性系数

　　延性系数是反映结构非弹性变形能力的重要参数，对抗震设防区的结构，要求结构具有良好的延性，以此吸收和耗散地震能量，减小地震的危害。本书定义试件的延性系数为水平荷载降到极限点荷载时对应的位移与屈服荷载对应的位移之比，其中取峰值荷载的85%为极限荷载，屈服荷载和对应位移根据韩林海提出的图解法来确定。如图 4-7 所示，由原点作骨架曲线的切线，切线与峰值荷载水平线交点的位移定义为屈服位移，交点作垂

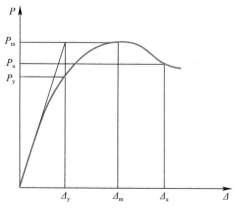

图 4-7 屈服位移与极限位移的确定

线与骨架曲线相交，交点荷载即为屈服荷载，求得的各试件的位移延性系数 μ 见表 4-2。由表 4-2 可见，所有试件的位移延性系数 μ 均大于 2.64，其值介于 2.64～7.89 之间，其中发生压屈破坏与压弯破坏试件的位移延性系数 μ 均大于 3.00；随着轴压比的增大，试件的延性降低；波纹钢板试件随剪跨比的减小其延性相应下降，但平钢板试件的延性却呈相反规律；就波纹类型而言，竖向波纹试件的延性明显优于横向波纹试件，大剪跨比时宽、窄波纹试件的延性相差不大，但小剪跨比时宽波纹试件的延性明显优于窄波纹试件；布置不同连接构件的

波纹钢板试件的延性总体差异不大。由此可知，轴压比、剪跨比以及波纹类型是一字形双波纹钢板混凝土组合剪力墙延性的主要影响因素。

试件的延性系数及层间位移角 表 4-2

试件编号	加载方向	Δ_y/H_e	Δ_u/H_e	Δ_f/H_e	μ	μ 均值
W1	正向	1/150.0	1/45.0	1/39.0	3.88	4.21
	反向	1/153.0	1/45.0	1/34.0	4.54	
W2	正向	1/172.0	1/42.0	1/34.0	5.04	4.95
	反向	1/168.0	1/41.0	1/35.0	4.86	
W3	正向	1/155.0	1/62.0	1/47.0	3.33	3.39
	反向	1/157.0	1/55.0	1/45.0	3.46	
W4	正向	1/190.0	1/46.0	1/40.0	4.82	4.61
	反向	1/174.0	1/48.0	1/40.0	4.39	
W5	正向	1/195.0	1/63.0	1/51.0	3.80	3.88
	反向	1/180.0	1/65.0	1/45.0	3.96	
W6	正向	1/167.0	1/63.0	1/49.0	3.40	3.49
	反向	1/166.0	1/64.0	1/47.0	3.58	
W7	正向	1/176.0	1/51.0	1/41.0	4.28	4.52
	反向	1/172.0	1/51.0	1/36.0	4.76	
W8	正向	1/151.0	1/46.0	1/38.0	3.95	4.13
	反向	1/136.0	1/38.0	1/32.0	4.30	
W9	正向	1/151.0	1/43.0	1/33.0	4.62	4.64
	反向	1/156.0	1/39.0	1/34.0	4.66	
W10	正向	1/154.0	1/71.0	1/37.0	4.12	4.17
	反向	1/156.0	1/57.0	1/37.0	4.22	
W11	正向	1/248.0	1/71.0	1/52.0	4.77	4.84
	反向	1/238.0	1/73.0	1/48.0	4.98	

续表

试件编号	加载方向	Δ_y/H_e	Δ_u/H_e	Δ_f/H_e	μ	μ 均值
W12	正向	1/152.0	1/63.0	1/46.0	3.31	3.42
	反向	1/149.0	1/47.0	1/43.0	3.52	
W13	正向	1/146.0	1/48.0	1/33.0	4.44	4.47
	反向	1/160.0	1/43.0	1/36.0	4.49	
W14	正向	1/191.0	1/43.0	——	——	——
	反向	1/168.0	1/42.0	——	——	
W15	正向	1/219.0	1/98.0	1/86.0	2.56	2.64
	反向	1/228.0	1/103.0	1/83.0	2.73	

4.3　受力机理分析

4.3.1　压屈破坏

低周反复荷载作用下，试件 LW3、LW5、LW6、LW7 和 LW10 破坏模式为压屈破坏，以试件 LW5 作为代表试件来分析 L 形试件压屈破坏时的受力机理。图 4-8 给出了试件 LW5 关键点位的应变数据图，其中图 4-8(a) 为边缘约束方钢管柱底的应变-位移角（位移）曲线图，图 4-8(b) 为试件底排螺杆的应变-位移角（位移），图 4-8(c) 为翼缘受压时试件底部 95 mm 高度处沿墙体截面高度方向的竖向应变分布情况，图 4-8(d) 为翼缘受拉时试件底部 95 mm 高度处沿墙体截面高度方向的竖向应变分布情况。h_c 表示应变片测点到翼缘外缘的距离。

如图 4-8 所示，加载初期，试件处于弹性阶段，此时墙身钢板、方钢管底部和底排螺杆均处于弹性工作状态，此阶段由钢板和混凝土共同承担荷载。进入弹塑性阶段后，由图 4-8(a) 可知，方钢管底部的竖向应变值随位移角的增大迅速上升，此时鼓曲环首次出现在腹板边缘约束方钢管柱的底部，同时在加载过程中试件发出响声，这说明钢板与混凝土界面发生局部的粘结破坏，而腹板区域的应变值也大于翼缘区域的应变值，底排对拉螺杆的应变值较小；翼缘受压时，腹板位置的钢板承受较大的拉应力；翼缘受拉时，腹板位置的钢板承受较大的压应力。鼓曲不断延伸发展，在加载达到峰值点时，方钢管柱底部出现鼓曲环，故腹板边缘方钢管柱底部的应变达到屈服应变，方钢管柱的承载能力和应变值开始下降。底排对拉螺杆抵抗拉应力的作用较显著。进入破坏阶段后，方钢管柱底部的鼓曲变尖锐，拉应变和压应变大幅度下降，钢板退出工作；而底排螺杆应变变化幅度较小，这说明加载后期螺杆对钢板和核心混凝土的约束作用较小，故在破坏阶段，主要核心混凝土承担压应力。翼缘及靠近翼缘与腹板交接处的钢板应变值均较小，而距翼缘外缘超过 800 mm 部分的钢板已达到屈服应变。翼缘受压或受拉对混凝土受压区高度的位置无明显影响，塑性中和轴均在腹板宽度范围内。破坏形式表现为小偏压破坏。从整体上看，在位移角达 2.0% 时，试件截面的竖向应变分布基本呈线性，即符合平截面假定。

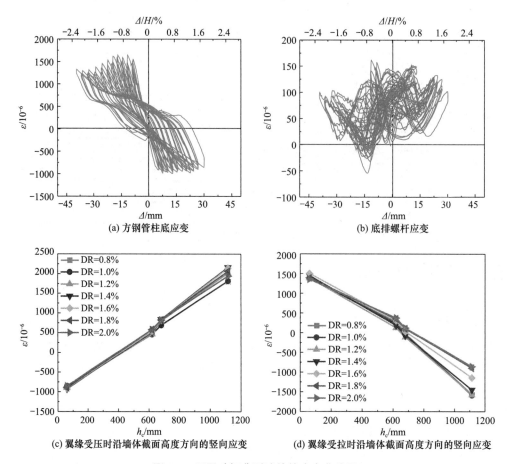

图 4-8　压屈破坏典型试件的应变曲线图

4.3.2　压弯破坏

在低周反复荷载作用下，试件 LW1、LW2、LW4 和 LW9 发生压弯破坏，以试件 LW2 作为代表试件来分析 L 形试件压弯破坏时的受力机理。图 4-9 给出了试件 LW2 关键点位的应变数据图，其中图 4-9(a) 为腹板边缘约束方钢管柱底的应变-位移角（位移）曲线图，图 4-9(b) 为试件底排对拉螺杆的应变-位移角（位移），图 4-9(c) 为翼缘受压时试件底部 95 mm 高度处沿墙体截面高度方向的竖向应变分布情况，图 4-9(d) 为翼缘受拉时试件底部 95 mm 高度处沿墙体截面高度方向的竖向应变分布情况；h_c 表示应变片测点到翼缘外缘的距离。

由图 4-9 可知，加载初期，试件处于弹性阶段，此时方钢管柱底部和底排螺杆的应变值均较小。翼缘受压或受拉时，沿墙体宽度方向的竖向应变值接近，此阶段由钢板和混凝土共同承担荷载。进入弹塑性阶段后，试件在加载中发出响声，这表明试件核心混凝土开裂，并与钢板之间发生局部粘结破坏，鼓曲环首次出现在腹板边缘约束方钢管柱的底部，由图 4-9(a) 可知，方钢管底部的竖向应变值随位移角的增大迅速上升。而对比图 4-9(b~d) 可知，底排对拉螺杆应变值变化浮动相对较小，且翼缘的竖向应变小于腹板；同样当翼缘受压时，腹板位置的钢板承受较大的拉应力；当翼缘受拉时，腹板位置的钢板承受较大的压应力。加载达到峰值点时，方钢管柱底部出现鼓曲环，此时方钢管柱底部竖向应变超过屈服应变，且拉应变大于压应变。但试件进入破坏阶段时，底排对拉螺杆抵抗拉应力的作用增大，应变值增长较快。随着鼓曲环的发展，方钢管柱的承载能力不断降低，应变值呈缓慢下降趋势。临近破坏点时，方钢管柱底部出现裂缝，此时钢板退出工作，核心混凝土被压碎后溢出；而底排对拉螺杆的拉应变出现骤增，这说明对拉螺杆发挥约束混凝土及波纹钢板的作用，故在破坏阶段，主要由螺杆和核心混凝土承担荷载，其中螺杆承担拉应力，核心混凝土承担压应力。翼缘及靠近翼缘与腹板交接处的钢板应变较小，距翼缘外缘超过 600 mm 部分的钢板均已屈服。翼缘受压或受拉对混凝土受压区高度的位置无明显影响，塑性中和轴均在腹板宽度范围内。以上破坏形式表现为大偏压破坏。从整体上看，在位移角达到 2.0% 时，试件截面的竖向应变分布基本呈线性，即符合平截面假定。

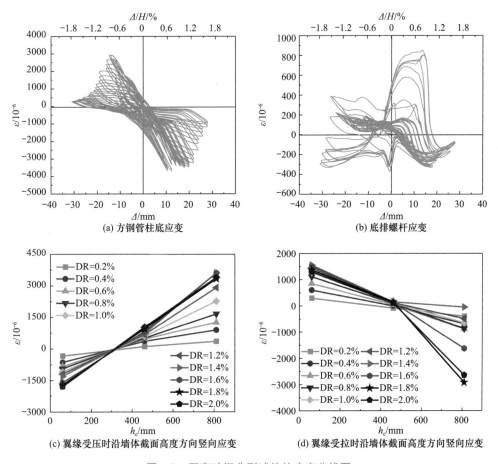

图 4-9　压弯破坏典型试件的应变曲线图

4.4　试验结果及分析

4.4.1　滞回曲线

L 形双波纹钢板剪力墙的水平荷载-位移（层间位移角）（P-Δ，P-Δ/H）滞回曲线如

图 4-10 所示。

由图 4-10 可见，加载初期，滞回曲线的加卸曲线斜率变化较小，正负向加载构成的滞回环较小，卸载时无残余变形，此时试件处于弹性阶段。随着位移角增大，试件卸载时出现残余变形，滞回现象愈明显，但同一加载等级下峰值荷载保持一致。当水平荷载达到峰值时，随着位移角增大，滞回环面积增大，滞回现象进一步扩大，同时相同加载等级中不同循环的峰值荷载逐渐下降。总体而言，L 形剪力墙试件的滞回环呈捏拢形，但正负向存在不对称，正向残余变形普遍更大，原因是 L 形截面非对称且试验过程中翼缘部分无明显现象所致。

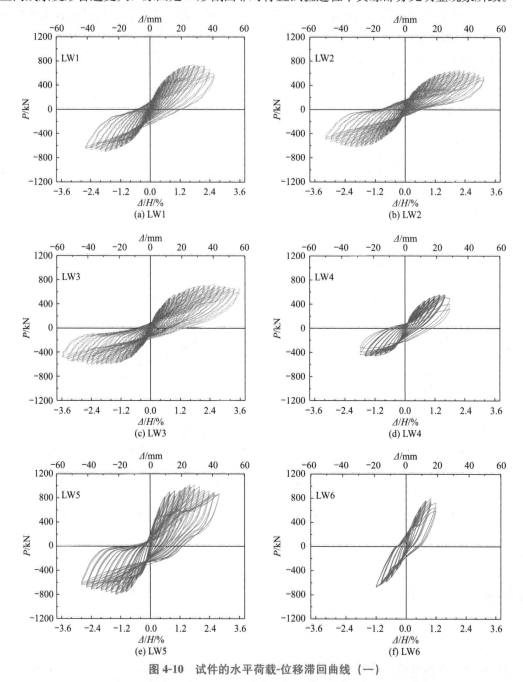

图 4-10　试件的水平荷载-位移滞回曲线（一）

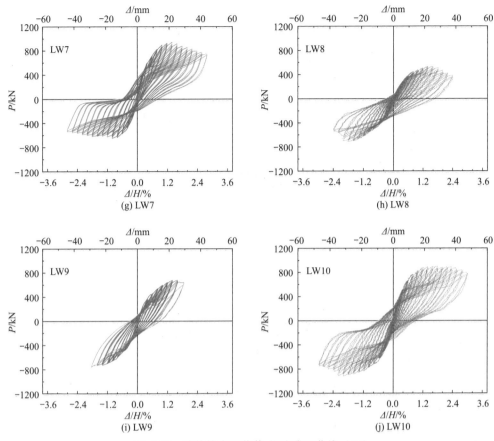

图 4-10　试件的水平荷载-位移滞回曲线（二）

试件 LW6 和 LW9 由于试验故障未能达到预定的极限位移，故分析中不作考虑。总体来看，在相同条件下，轴压比越大，滞回曲线形状越丰满。竖向窄波纹试件的滞回曲线相比竖向宽波纹试件更饱满，且剪跨比越大，该现象越明显。横向窄波纹试件的滞回环面积相比竖向窄波纹试件小，且峰值荷载后承载力迅速降低。增大翼缘宽度或设置边缘约束方钢管柱可使滞回曲线更饱满，而试验范围内剪跨比则影响不大。

4.4.2　骨架曲线

各试件的骨架曲线如图 4-11 所示。骨架曲线上的特征点包括屈服点、峰值点和极限点，屈服点数值由能量等值法确定，极限点定义为下降段中峰值荷载的 85% 所对应的点。各特征点对应的水平力和位移见表 4-3，其中试件 LW9 负向加载未达到峰值荷载就已发生破坏，故特征点无法按能量等值法确定。其中，正向为翼缘受拉，负向为翼缘受压。

由图 4-11 可知，各试件骨架曲线呈不对称的 S 形，曲线大致分为弹性、弹塑性以及下降三个阶段。加载初期，骨架曲线呈直线上升，刚度保持不变，此时钢板与混凝土协同工作；随着位移角增大，骨架曲线开始向横坐标偏移，刚度降低，此时钢板与混凝土出现粘结破坏，损伤开始累积；当钢板完全屈服时，骨架曲线达到峰值点，此时随着位移角增大，曲线进入下降阶段；当混凝土受损严重、钢板严重鼓曲或撕裂时，标志试件已不具备承载能力。

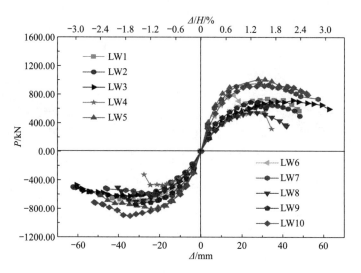

图 4-11 各试件水平荷载-位移骨架曲线

主要试验结果   表 4-3

试件编号	加载方向	屈服点		峰值点		破坏点	
		P_y/kN	D_y/mm	P_m/kN	D_m/mm	P_u/kN	D_u/mm
LW1	正向	525.44	12.88	730.12	32.71	620.60	45.76
	负向	492.62	12.53	708.40	30.45	602.14	61.94
	均值	509.03	12.70	719.26	31.58	611.37	53.85
LW2	正向	430.15	12.35	647.18	34.97	550.10	46.28
	负向	390.79	12.18	636.98	37.06	541.43	57.59
	均值	410.47	12.27	642.08	36.02	545.77	51.94
LW3	正向	479.73	13.57	715.54	44.89	608.21	61.94
	负向	444.59	11.83	625.57	34.28	531.73	57.77
	均值	462.16	12.70	670.56	39.59	569.97	59.86
LW4	正向	365.70	9.92	551.16	29.75	468.49	32.54
	负向	346.18	8.53	472.12	18.97	401.30	25.93
	均值	355.94	9.22	511.64	24.36	434.90	29.23
LW5	正向	773.99	9.92	1008.82	28.01	857.50	48.02
	负向	502.44	8.00	812.16	24.19	690.34	44.54
	均值	638.22	8.96	910.49	26.10	773.92	46.28
LW6	正向	634.66	9.40	786.71	16.01	668.70	18.97
	负向	435.64	8.18	681.36	23.32	579.16	—
	均值	535.15	8.79	734.04	19.66	623.93	—
LW7	正向	737.62	10.44	955.29	28.36	812.00	46.28
	负向	464.90	6.96	637.78	15.66	542.11	37.58
	均值	601.26	8.70	796.54	22.01	677.06	41.93
LW8	正向	394.44	10.61	544.33	24.19	462.68	35.84
	负向	483.42	13.75	700.16	31.49	595.14	37.41
	均值	438.93	12.18	622.25	27.84	528.91	36.63

续表

试件编号	加载方向	屈服点		峰值点		破坏点	
		P_y/kN	D_y/mm	P_m/kN	D_m/mm	P_u/kN	D_u/mm
LW9	正向	449.55	9.57	693.50	27.84	589.48	32.36
	负向	—	—	—	—	—	—
	均值	—	—	—	—	—	—
LW10	正向	700.75	11.14	917.81	30.97	780.14	54.11
	负向	624.26	10.96	905.06	34.45	769.30	45.76
	均值	662.51	11.05	911.44	32.71	774.72	49.94

注：P_y 和 D_y 分别为名义屈服点的水平力和位移；P_m 和 D_m 分别为峰值点的水平力和位移，P_m 又称为水平承载力；P_u 和 D_u 分别为破坏点的水平力和位移；m_D 为位移延性系数，$m_D = D_u / D_y$。

通过观察发现，剪跨比、波纹方向和约束方钢管柱设置是影响曲线形状的主要因素。剪跨比越小，曲线斜率和峰值荷载越低，但下降段更平缓；采用横向窄波纹试件的峰值荷载要低于竖向窄波纹试件，且下降段更陡；设置边缘约束方钢管柱可明显提高正向峰值荷载，对负向峰值荷载影响不大，但峰值后下降速率均有一定降低；此外，高剪跨比下，轴压比越小，虽曲线峰值荷载稍降低，但延性更好，而低剪跨比试件 LW6 由于加载过程中出现故障，故不予讨论；采用竖向宽波纹试件的承载力稍降低于竖向窄波纹试件，但延性更好；而翼缘宽度对曲线形状影响不大。

4.4.3　强度退化

图 4-12 为各试件的强度退化曲线。由图 4-12 可见，随着加载位移角逐渐增大，试件的强度退化程度基本呈增大趋势。整体上看，除试件 LW4 外，其余各试件的强度退化系数介于 0.9～1.0，这说明各试件在同一级加载位移下承载力能维持在较为稳定的水平，而试件 LW4 经峰值荷载后承载力陡降至 0.65，说明横向窄波纹试件不利于后期承载。

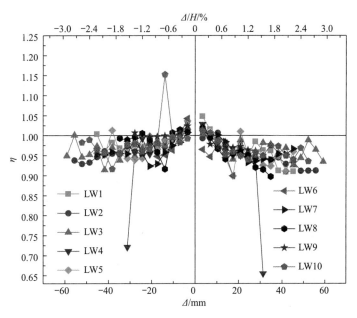

图 4-12　各试件强度退化曲线

4.4.4 刚度退化

各试件的环线刚度退化曲线如图 4-13 所示。

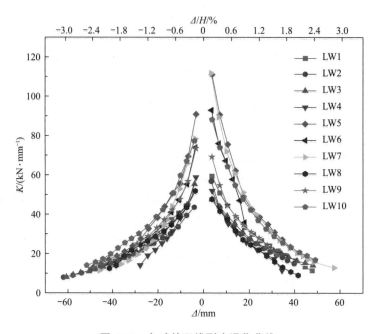

图 4-13   各试件环线刚度退化曲线

由图 4-13 可见，随加载位移角增大，环线刚度退化速率呈先快后慢的变化趋势。加载初期，钢板与核心混凝土出现局部粘结破坏，混凝土裂缝不断出现，故此阶段环线刚度退化较快；当钢板逐渐屈服，试件进入弹塑性阶段时，裂缝数量趋于稳定，此时腹板边缘约束钢管柱底部的钢板进入受压屈服和受压鼓曲相互交替的状态，故环线刚度退化速率放缓。通过对比可知，试验范围内小剪跨比试件的环线刚度明显大于大剪跨比试件，轴压比大的试件早期环线刚度要大于轴压比小的试件，横向窄波纹试件的环向刚度退化速率随位移角增大而逐渐快于竖向窄波纹试件，而翼缘宽度、波纹类型和设置方钢管柱则影响相对较小。

4.4.5 位移延性系数

采用极限位移与屈服位移的比值表征各试件的位移延性，计算得到各延性系数列于表 4-4，其中试件 LW6 和 LW9 由于试验故障未能达到规定极限位移，所计算的位移延性系数偏小，故分析中不做考虑。由表 4-4 可见，除试件 LW4 和 LW8 外，各试件平均延性系数均超过 4.00，其值介于 4.24～5.20，其中发生压屈破坏试件的位移延性系数均大于 4.50；试验范围内，低剪跨比下竖向宽波纹试件的位移延性系数稍高于竖向窄波纹试件，而高剪跨比则情况相反；相比横向窄波纹试件，竖向窄波纹试件的延性明显更优；设置边缘约束方钢管柱和增大翼缘宽度可有效提高试件的延性系数；而轴压比和剪跨比对位移延性系数的影响不大。由此可知，约束方钢管柱、翼缘宽度、波纹类型以及波纹方向是影响 L 形双波纹钢板混凝土组合剪力墙抗震性能的主要因素，其中约束方钢管柱影响程度最大。

L 形试件的延性系数及层间位移角　　表 4-4

试件编号	加载方向	Δ_y/H	Δ_m/H	Δ_u/H	μ	μ 均值
LW1	正向	1/135.0	1/53.0	1/38.0	3.55	4.25
	负向	1/139.0	1/57.0	1/28.0	4.94	
LW2	正向	1/141.0	1/50.0	1/38.0	3.75	4.24
	负向	1/143.0	1/47.0	1/30.0	4.73	
LW3	正向	1/128.0	1/39.0	1/28.0	4.56	4.72
	负向	1/147.0	1/51.0	1/30.0	4.88	
LW4	正向	1/175.0	1/59.0	1/53.0	3.28	3.16
	负向	1/204.0	1/92.0	1/67.0	3.04	
LW5	正向	1/175.0	1/62.0	1/36.0	4.84	5.20
	负向	1/218.0	1/72.0	1/39.0	5.57	
LW6	正向	1/185.0	1/109.0	1/38.0	2.02	2.02
	负向	1/213.0	1/75.0	—	—	
LW7	正向	1/167.0	1/61.0	1/38.0	4.43	4.92
	负向	1/250.0	1/111.0	1/46.0	5.40	
LW8	正向	1/164.0	1/72.0	1/49.0	3.38	3.05
	负向	1/127.0	1/55.0	1/47.0	2.72	
LW9	正向	1/182.0	1/63.0	1/54.0	3.38	3.38
	负向	—	—	—	—	
LW10	正向	1/156.0	1/56.0	1/32.0	4.86	4.52
	负向	1/159.0	1/51.0	1/38.0	4.18	

4.4.6　层间位移角

试件各特征点处的层间位移角列于表 4-4。同样剔除试件 LW6 和 LW9 数据，由表 4-4 可总结：所有试件正向加载的屈服层间位移角平均值为 1/153.0，正向极限层间位移角平均值为 1/38.0；负向加载的平均屈服层间位移角为 1/164.0，负向极限层间位移角平均值为 1/38.0；正、负向极限层间位移角均大于我国现行抗震规范规定的结构弹塑性层间位移角容许限制值 1/50.0，这说明 L 形双波纹钢板混凝土组合剪力墙试件屈服后，仍然具有较好的延性和抗倒塌能力。

4.4.7　耗能能力

图 4-14 给出了所有试件每一屈服位移级数下第一个滞回环对应的等效黏滞阻尼系数 h_e 随水平位移（位移角）的变化曲线。由于加载初期墙顶水平位移较小，测量误差相对较大，导致等效黏滞阻尼系数波动较大，故本书重点分析弹性阶段后的耗能规律。由图 4-14 可见，试件进入弹性阶段后，钢材屈服，试件等效黏滞阻尼系数增长速率加快。通过对比可知，试验范围内轴压比越大，试件等效黏滞阻尼系数

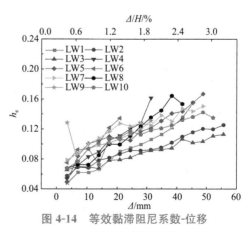

图 4-14　等效黏滞阻尼系数-位移
（位移角）关系曲线

越大，且随位移角增大而差距越来越大；横向窄波纹试件的等效黏滞阻尼系数明显大于竖向窄波纹试件；此外，不设置边缘约束方钢管柱和增大翼缘宽度可提高试件等效黏滞阻尼系数，而剪跨比和波纹尺寸则规律不显著。

各试件的单个循环耗能-周数曲线和累积耗能-周数曲线如图 4-15 和图 4-16 所示。由图 4-15 和图 4-16 可见，随着循环周数增加，单个循环耗能以及累计耗能增大，且弹塑性阶段的增长速率要快于弹性阶段；试验范围内，通过增大轴压比、减小剪跨比或增大翼缘宽度均可提高试件耗能能力；竖向宽波纹试件在试件屈服后耗能要高于竖向窄波纹试件，而屈服前两者无明显差距；此外，波纹方向对试件耗能能力的影响不显著。

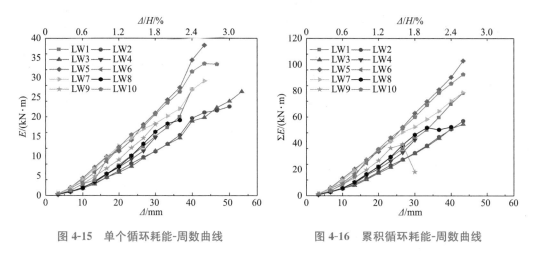

图 4-15　单个循环耗能-周数曲线　　　　图 4-16　累积循环耗能-周数曲线

4.5　影响因素分析

4.5.1　波纹类型的影响

波纹类型（包括波纹方向和波纹尺寸）是影响 L 形双波纹钢板混凝土组合剪力墙抗震性能的主要因素之一。因此本书研究了三种不同波纹类型（竖向窄波纹、竖向宽波纹、横向窄波纹）对 L 形双波纹钢板混凝土组合剪力墙抗震性能指标的影响。图 4-17 给出了波纹方向和波纹尺寸对试件抗震性能指标的对比情况，图中 $P_{u,+,-}$ 表示试件的正、负向极限承载力取均值后的代表值，通过对比分析可以得到以下结论：

（1）对于 L 形双波纹钢板混凝土剪力墙来说，波纹方向对极限承载力的影响较大，而波纹尺寸对极限承载力的影响较小，竖向窄波纹试件的均值极限承载力明显大于横向窄波纹试件，约为横向窄波纹试件的 1.4 倍，这说明在低周反复作用下，竖向窄波纹钢板对内部混凝土的约束能力更强，能够有效约束内部混凝土变形，同时发挥波纹钢板抗弯、抗拉优势，使两者协同工作性更优。因此，采用竖向窄波纹钢板试件的承载能力可提高约40%。对于竖向波纹试件，剪跨比为 2.0 时，竖向宽波纹试件的极限承载力略低于竖向窄波纹试件；而当剪跨比为 1.5 时，竖向宽波纹试件的极限承载力更优，两者相差约为 14%。

（2）在三种不同波纹形状的试件中，峰值之前各试件强度退化系数均大于 0.9，且强度退化曲线差别较小，具有良好的承载能力。加载中后期横向窄波纹试件退化系数出现陡降，试件强度迅速退化，对核心混凝土的约束能力减弱，试件较快发生受拉破坏。同时从

图 4-17 中可以明显看出，波纹尺寸对强度退化的影响较波纹方向小，两种剪跨比下竖向窄波纹试件与竖向宽波纹试件强度退化趋势均类似，波纹尺寸对试件强度总体退化趋势影响不大，最终破坏前两种波纹钢板试件均多次出现内部混凝土碎裂又重新咬合，从而引起的短暂强化现象。

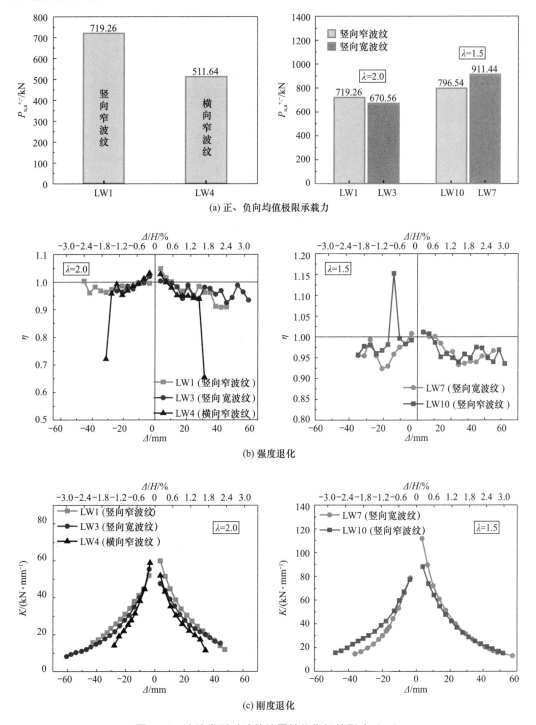

(a) 正、负向均值极限承载力

(b) 强度退化

(c) 刚度退化

图 4-17　波纹类型对试件抗震性能指标的影响（一）

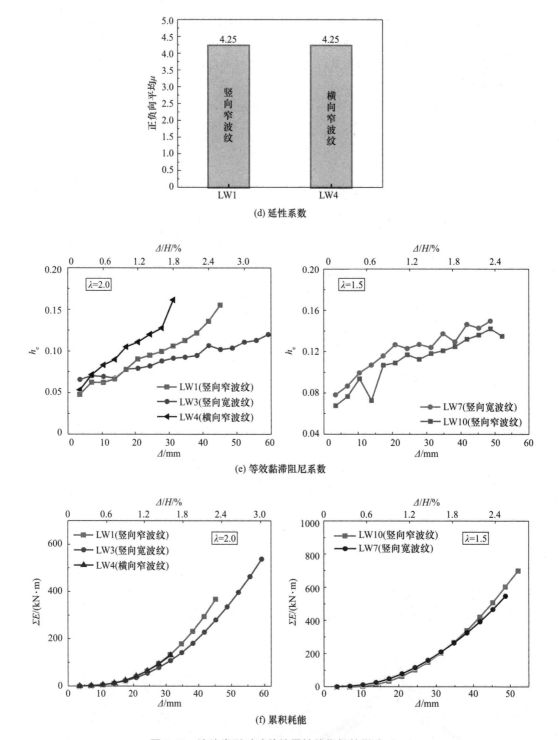

(d) 延性系数

(e) 等效黏滞阻尼系数

(f) 累积耗能

图 4-17   波纹类型对试件抗震性能指标的影响（二）

（3）由图 4-17(c) 可以看到，波纹方向对试件初始刚度的影响较小，加载前期横向与竖向窄波纹试件的初始抗侧刚度接近，处于弹性阶段试件的刚度退化曲线大致重叠。经历峰值荷载后，横向窄波纹试件约束较弱的特点显现，表现为在腹板边缘约束方钢管柱有竖向裂缝和水平裂缝产生，故曲线出现刚度急剧退化现象。竖向波纹试件刚度退化相对较缓，但最终破坏时的刚度值较横向波纹试件小。剪跨比为 1.5 的竖向波纹试件其初始刚度较剪跨比为 2.0 的试件大，约为同类型试件的 1.5 倍。试验范围内，剪跨比对窄波纹试件和宽波纹试件的刚度退化规律并无显著差异，但窄波纹试件正负向退化对称性更好。整体来看，刚度在加载后期的退化速率较平缓，其中相比窄波纹试件，宽波纹试件的刚度退化程度稍快。

（4）从整体来看，除 LW6 外，各试件的正、负向平均延性系数均超过 3，具有优良的变形性能。对于 L 形波纹钢板剪力墙试件来说，波纹方向并没有明显影响试件延性。对于竖向波纹钢板试件，两种试验剪跨比下，宽波纹试件的延性均好于窄波纹试件，约有 10% 的延性提升。在这三种不同波纹类型中，竖向宽波纹钢板试件 TW3 的延性最优。总体上三类试件均具有优良的变形能力，波纹钢板较大的面外刚度保证了波纹钢板混凝土组合剪力墙在受力过程中良好的变形能力。

（5）从图 4-17 中可以看到，三种不同形状的 L 形波纹钢板剪力墙试件在加载初期等效黏滞阻尼系数相差不大，随着加载位移的不断增大，三者均呈现不同的增长趋势。其中横向波纹试件增长速率较快，但循环次数减少，总体累计耗能最低。钢材屈服后，各试件耗能能力增强，累计耗能迅速增加。当剪跨比为 1.5 时，波纹尺寸对于试件耗能的影响不大，宽波纹试件与窄波纹试件的耗能系数变化趋势相近，屈服位移前二者耗能系数与累计耗能值接近，试件屈服后竖向宽波纹试件表现出更为优异的耗能能力，最终竖向宽波纹试件呈现出较高的累计耗能值。而在剪跨比为 2.0 时，竖向宽波纹试件等效黏滞阻尼系数增幅小于窄波纹试件，且随着位移的发展，两者差距逐渐增大，最终窄波纹试件单循环下耗能特性和累计耗能值两方面均表现出良好的耗能能力。

4.5.2　设置约束方钢管柱的影响

由试件的破坏模式可知，腹板边缘约束方钢管柱的设置是影响 L 形双波纹钢板剪力墙破坏模式的关键因素之一，因此本书研究了设置约束方钢管柱对 L 形双波纹钢板剪力墙的抗震性能指标的影响。图 4-18 为设置约束方钢管柱对试件抗震性能指标的影响，通过对比分析可得到以下结论：

（1）设置边缘约束方钢管柱试件的极限承载力比未设置边缘约束方钢管柱试件提高了 13.5%，这是因为方钢管混凝土柱的承载能力强于剪力墙墙身波纹钢板，在低周反复荷载作用下，未设置边缘约束方钢管柱试件在腹板边缘受拉撕裂破坏后，承载力无法进一步增大，故设置约束方钢柱的试件极限承载力更优。同时也说明了有效的约束方式对试件水平承载力的提升大有裨益。

（2）由图 4-18(b) 可以看到，未设置约束方钢管柱的试件 LW8，其强度退化曲线起伏变化较大，尤其在屈服位移后，正、负向均出现较为明显的强度陡降现象。这是因为随着加载进行，试件峰值荷载前发生了波纹钢板屈服以及混凝土破碎，主要由波纹钢板墙身承受荷载，损伤不断累积，造成强度退化速率加剧，由于没有有效约束，因此试件强度退化系数下降较快。而设置约束方钢管柱的试件其强度退化曲线相对缓和，但当混凝土被压碎后强度退化曲线未出现陡降，这说明约束方钢管柱的设置是剪力墙强度退化的关键因素，有效的约束能够大大提高波纹钢板剪力墙的抗剪承载力。

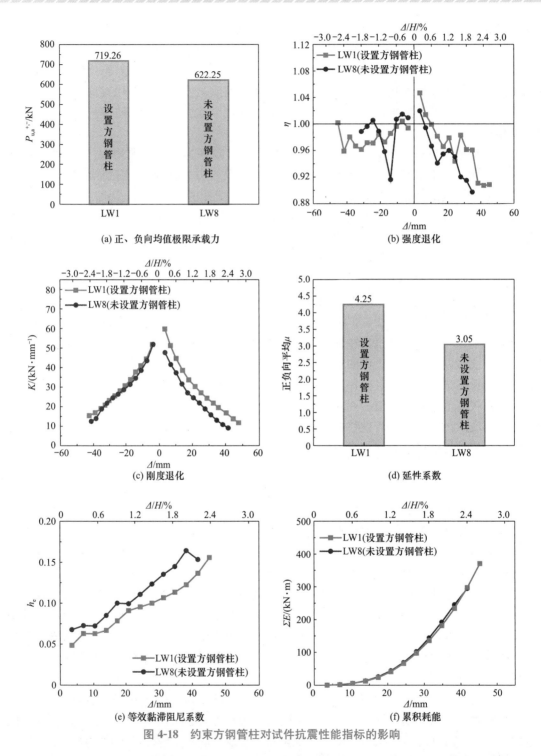

图 4-18　约束方钢管柱对试件抗震性能指标的影响

（3）设置边缘约束方钢管柱试件 LW1 的初始抗侧刚度较大，正向约为试件 LW8 试件的 1.25 倍，说明对于 L 形波纹钢板剪力墙试件来说，墙身对于抗侧刚度的贡献占比较大。进入弹塑性阶段后，未设置方钢管柱试件的刚度退化程度相对严重，且破坏时的剩余刚度值小于设置方钢管柱试件，这是因为未设置方钢管柱试件在腹板边缘处表面钢板产生鼓曲后，继而钢板撕裂，水平裂缝快速延伸，试件快速到达破坏状态，故刚度削减较快。当负向加载时，两者刚度变化曲线近乎重合；而正向加载时，不加墙端约束暗柱的 LW8，其刚度曲线始终在 LW1 之下，抗侧刚度不如 LW1。当试件处于正向加载时，腹板墙肢末端受压，LW8 试件在此处用封口钢板将墙肢封闭，从构造形式来说，封口钢板的受压刚度要比方钢管混凝土柱低得多，因此受压状态下钢板更易发生局部屈曲。当试件处于负向加载时，腹板墙肢末端在墙身受弯状态下处于受拉侧，拉应力由钢材承担，力学性能主要受钢材面积的影响。另一方面，水平波纹试件 LW8 翼缘墙肢无论处于正、负加载情况下，在试验过程中未发现明显的外观变化。因此造成水平波纹试件刚度变化的原因在于腹板墙肢尾部的构造做法。

（4）从图 4-18 中可以明显看到，未设置方钢管柱约束的试件延性系数也大于 3，说明此类构件具有优良的变形能力。设置方钢管柱的试件延性更优，约为未设置方钢管柱试件的 1.4 倍，这是因为未设置方钢管柱的试件在经历峰值荷载后迅速发生破坏，且破坏时对应的位移较小。设置约束方钢管柱可提高钢板剪力墙整体约束效果，由此可知，合理设置有效的约束方式能够大大增强波纹钢板剪力墙试件延性。

（5）通过对比 LW1 与 LW8 试件等效黏滞阻尼系数变化可以看到，两者均随位移的发展呈现上升的趋势，且未设置方钢管柱的试件在任意位移幅值下等效黏滞阻尼系数均大于设置方钢管约束的 LW1 试件。这是由于约束方钢管的存在限制了波纹钢管的屈服变形，降低了试件的耗能能力。对于未设置方钢管柱试件来说，因鼓曲出现较早，最先达到破坏状态，最终循环数略小于 LW1 试件。从整体耗能来看，两者在整个加载阶段累计耗能变化趋势接近，但设置方钢管柱试件较好的约束效果，试件位移循环较多，整体耗能能力优于未设置方钢管柱试件。

4.5.3　翼缘宽度的影响

翼缘宽度的大小会影响剪力墙试件抵抗平面外变形能力，故本书在两种剪跨比下分别探究不同翼缘宽度（480 mm、600 mm、750 mm）对 L 形双波纹钢板剪力墙抗震性能指标的影响。图 4-19 为翼缘宽度对试件抗震性能指标的影响情况，由于 LW9 号试件加载中出现意外情况，负向加载时并没有达到峰值时试件已经发生破坏，因此在对比分析中应考虑试验结果的离散性，主要对剪跨比为 1.5 的试件进行分析，可得到以下结论：

（1）在两种不同剪跨比条件下，试件的正、负向均值极限承载力随翼缘宽度的改变呈现不同的变化趋势，其中剪跨比为 1.5 时，两种翼缘宽度的均值极限承载力并没有明显的变化；剪跨比为 2.0 时，当翼缘宽度由 480 mm 增大到 750 mm 时，均值极限承载力减少了 3.7%，不排除因试验误差引起的强度降低现象。综合来看，翼缘较窄的试件均表现出较高的承载力，但整体对试件承载力影响不大。

（2）由图 4-19(b) 可以看到，两种剪跨比下屈服点之前试件强度基本随位移增大而迅速降低，而翼缘宽度大的试件强度退化速率较大。加载中后期，相同位移级数时，增大翼缘宽度会增大试件的强度退化系数，且强度退化曲线在负向加载时相对缓和，表明可以通过增大翼缘宽度的方式延缓试件强度的退化速率，尤其在翼缘受压时减缓效果较为明显。

（3）在两种剪跨比条件下，翼缘宽度较大的试件初始刚度均较大，同时在破坏受力中刚度退化较快。当剪跨比为 2.0 时，试件的翼缘宽度由 480 mm 增大到 750 mm 时，试件的初始抗侧刚度增大了 28.8%。而当剪跨比为 1.5 时，试件的翼缘宽度由 480 mm 增大到 600 mm，试件的初始抗侧刚度增大了 21.8%。当剪跨比为 1.5 时，加载中后期，特别是负向加载时，两个试件的刚度退化曲线接近，说明此时翼缘宽度对试件刚度退化无明显影响，只对正向初始刚度值影响较大。

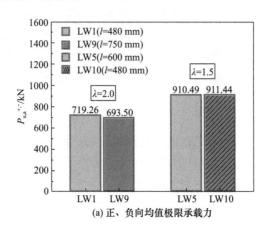

(a) 正、负向均值极限承载力

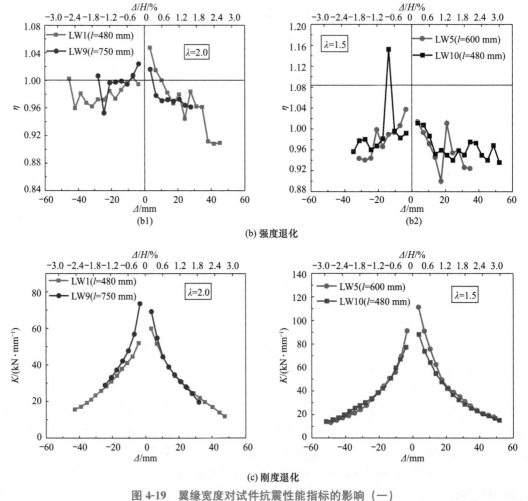

(b) 强度退化

(c) 刚度退化

图 4-19　翼缘宽度对试件抗震性能指标的影响（一）

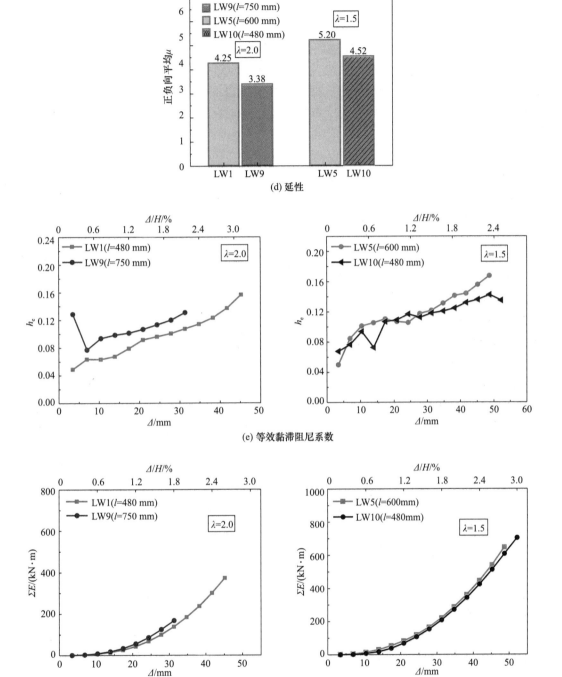

图 4-19　翼缘宽度对试件抗震性能指标的影响（二）

（4）当剪跨比为 2.0 时，翼缘宽度窄的试件表现出较好的延性，比翼缘宽度宽的试件高约 25％。当剪跨比为 1.5 时，翼缘宽度大的试件延性较优，约为窄翼缘试件的 1.15 倍。

（5）当剪跨比为 2.0 时，试件 LW9 发生受拉破坏，使得材料的强度充分发挥，故翼缘宽度较大试件 LW9 在各位移幅值下的等效黏滞阻尼系数大于试件 LW1。而当剪跨比为 1.5 时,二者等效黏滞阻尼系数与累计耗能发展趋势均类似,翼缘宽度较小试件 LW10 的等效黏滞阻尼系数在加载初期大于试件 LW5,出现这类现象的原因可能是试件 LW5 的加载过程中暗柱迅速鼓曲撕裂,从而锚固强度较弱,而 LW10 试件加载过程中暗柱最终只出现鼓曲现象。加载中后期,在各级位移下窄翼缘试件的等效黏滞阻尼系数较低,保持相对稳定的耗能能力。翼缘宽度对试件累计耗能的影响不大,总体来说在剪跨比为 1.5 的条件下,窄翼缘试件的耗能能力能够更加稳定地发展,且最终累计耗能要略高于宽翼缘试件。

4.5.4　轴压比的影响

轴压比是构件抗震设计中要考虑的因素之一,本书以轴压比为变化参数,研究了不同轴压比下 L 形双波纹钢板剪力墙的抗震性能。其中由于试验设备故障,试件 LW6 加载未达到负向峰值时就已经破坏。图 4-20 为轴压比对试件抗震性能指标的影响,通过对比分析可以得到以下结论:

(1) 均值极限承载力方面,轴压比从 0.2 降至 0.1 后,试件极限承载力有不同程度的下降,剪跨比为 2 的对比组试件下降了 10.7%,剪跨比 1.5 的试件下降了 19.4%,低剪跨比试件的水平承载力受轴压比影响更大。说明适度增大轴压比可增强波纹钢板对核心混凝土的约束作用,从而有效提高 L 形剪力墙的承载能力。

(2) 整个加载过程中试件强度均呈现出波动退化的趋势。随着水平位移的增大,轴压比较大的试件强度退化较轴压比较小的试件快,且退化过程波动较大。轴压比较大试件的最终强度退化系数较小,说明这说明轴压比增大可使试件前期的强度维持较稳定,一旦波纹钢板出现明显的屈曲后试件的强度将显著降低,最终试件整体发生更为严重的破坏。

(3) 轴压比对试件的初始环线刚度的提升尤为明显,当剪跨比为 2.0 时,轴压比较大试件 LW1 的正向初始环线刚度较试件 LW2 提高了 5.26%,而负向初始环线刚度提高了 18.8%,正负向加载差异较大。当剪跨比为 1.5 时,轴压比较大试件 LW5 的正向初始环线刚度较试件 LW6 提高了 23%,而负向初始环线刚度提高了 19.4%。加载前中期,轴压比较大的试件刚度退化曲线较为陡峭,由此可知,轴压比较大的试件在此阶段的损伤发展迅速且不断累积。在两种试验剪跨比下,轴压比较大试件 LW1 和 LW5 的正负向环线刚度退化曲线在每一位移幅值下均大于轴压比小的试件 LW2 和 LW6。轴压比的改变对后期刚度退化影响较小,各试件曲线几乎重合。

(4) 由于 LW6 试件加载过程中的设备故障,在讨论延性变化的时候不过多考虑该试件结果。从图 4-20(d) 可以看到,与其他抗震性能指标对比,延性系数受轴压比的影响相对较小。极限变形方面,高剪跨比组对比试件在轴压比减小后,正向极限位移变化很小,但负向极限位移降低 7%,轴压比变化对试件负向极限变形的影响较大。

(5) 当剪跨比为 2.0 时,在加载前期,相同的位移级数下轴压比较大试件 LW1 的等效黏滞阻尼系数均小于轴压比较小试件 LW2,试件屈服后轴压比大的试件等效黏滞阻尼系数逐渐增大,在加载中后期各级位移幅值下均大于轴压比小的 LW2 试件。但总体循环次数少于轴压比较小试件,因此最终累计耗能低于轴压比较小试件,约为 LW2 试件累计耗能的 79%。这说明在此条件下，适当增加轴压比能提高单个循环的耗能能力，但试件会较快达到破坏状态。在两种试验剪跨比下，试件屈服前累计耗能几乎不受轴压比变化影响，即轴压比变化仅影响试件中后期耗能能力。

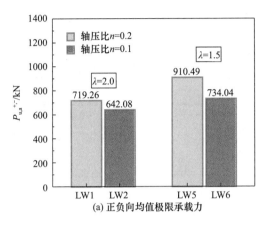

(a) 正负向均值极限承载力

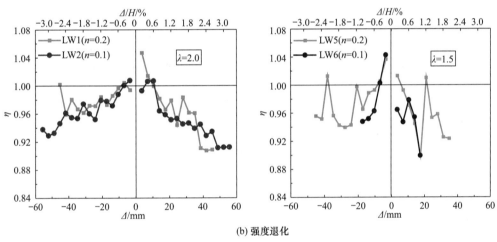

(b) 强度退化

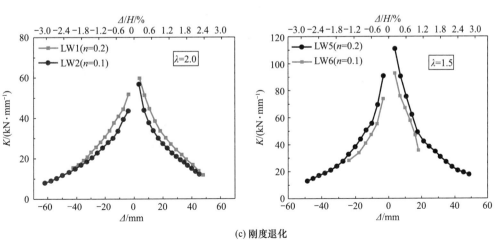

(c) 刚度退化

图 4-20　轴压比对试件抗震性能指标的影响（一）

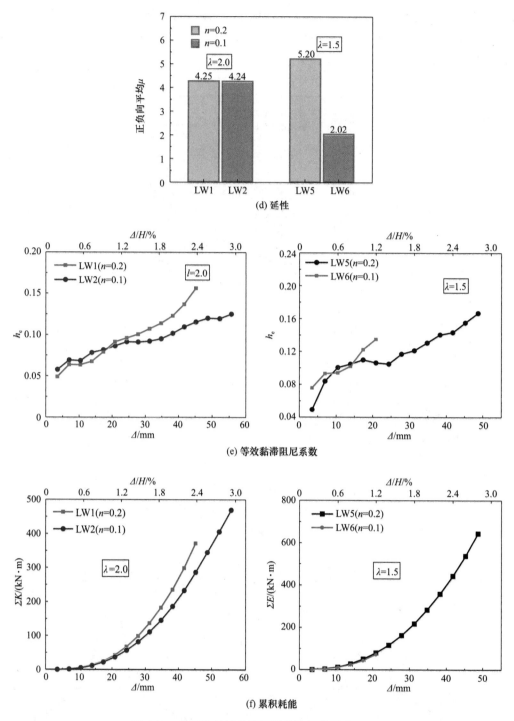

(d) 延性

(e) 等效黏滞阻尼系数

(f) 累积耗能

图 4-20   轴压比对试件抗震性能指标的影响（二）

4.5.5   剪跨比的影响

为研究剪跨比对 L 形双波纹钢板剪力墙抗震性能的影响，设计了两种不同剪跨比的试件进行对比分析。图 4-21 为剪跨比对试件抗震性能指标的影响，通过对比分析得到以下结论：

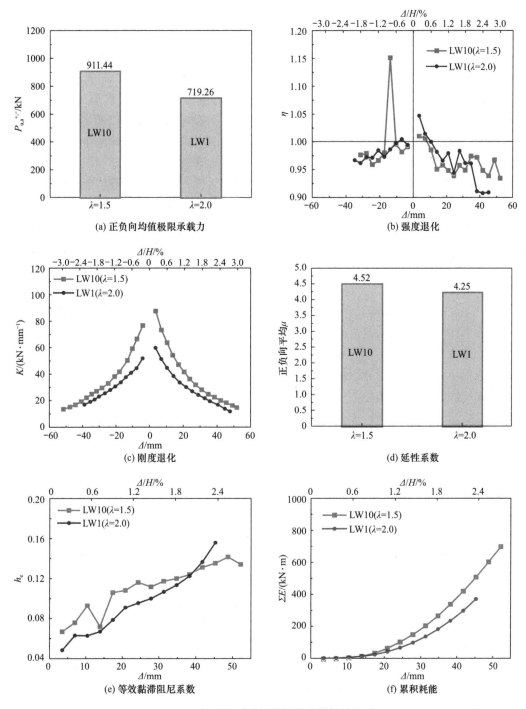

图 4-21　剪跨比对试件抗震性能指标的影响

（1）剪跨比的改变对试件均值极限承载力有较大的影响。当剪跨比从 1.5 增大至 2.0 时，试件均值极限承载力下降了 26.7%，因此在进行 L 形双波纹钢板剪力墙设计时应充分考虑剪跨比对抗震性能的影响。

（2）从图 4-18（b）中可以看到，对于两种剪跨比试件来说，正、负向强度退化系数波动均较大，但剪跨比较小的 LW10 试件强度退化曲线明显波动幅度较大，负向加载时出现了明显的强度强化现象，且最终强度退化程度较为严重。这是由于受剪力影响，小剪跨比作用下波纹钢板内部混凝土更容易发生破坏与重新咬合现象，承载力更不稳定。

（3）从图 4-21 中可以明显看到，小剪跨比的初始环线刚度较大，与大剪跨比试件相比，正向初始环线刚度提高了 47.5%，负向初始环线刚度提高了 49.1%，因此剪跨比是影响双波纹钢板剪力墙初始环线刚度的关键因素之一，减小剪跨比可以提高试件的抗弯承载力，从而提升抗侧刚度。在任意位移幅值下，剪跨比较小试件的抗侧刚度均大于剪跨比较大试件，但最终破坏状态时不同剪跨比试件的抗侧刚度逐渐接近，这说明剪跨比较小试件 LW10 的刚度退化速率要大于剪跨比较大试件 LW1 的，这是因为受剪力影响小剪跨比试件波纹钢板内部的混凝土更易发生破坏，导致试件的抗侧刚度退化更快。

（4）剪跨比的改变对试件延性系数的影响不大，试件的延性系数较为接近，其中小剪跨比试件的延性更优，较大剪跨比试件提高了 6.4%。总体来说，各试件的延性系数均大于 4，具有良好的变形能力。因此对于波纹钢板剪力墙试件来说，合适的剪跨比有助于保证试件变形性能。

（5）加载前期，小剪跨比试件 LW10 在任意位移幅值下等效黏滞阻尼系数均大于大剪跨比试件 LW1。峰值点后二者等效黏滞阻尼系数随位移发展虽继续增大，但大剪跨比试件 LW10 增大速率明显大于小剪跨比试件 LW1，位移角达到 2.2% 后试件 LW1 等效黏滞阻尼系数大于 LW10，最终等效黏滞阻尼系数约为小剪跨比试件的 1.16 倍，即加载后期，大剪跨比试件表现出更为优越的耗能能力。大剪跨试件在峰值荷载后钢板的屈曲变形更加明显，材料强度充分发挥作用，试件的耗能能力更强。总体来说，屈服点之前剪跨比对试件累计耗能影响不大，屈服点后差异明显，小剪跨比试件总体累计耗能值更大。

4.6　本章小结

本章通过分析同课题组 10 个 L 形双波纹钢板混凝土组合剪力墙试件在低周反复荷载作用下的拟静力试验，研究了 L 形双波纹钢板混凝土组合剪力墙的破坏特征和破坏模式，重点分析各参数对试件抗震性能指标的影响，得到主要结论如下：

（1）L 形双波纹钢板混凝土组合剪力墙试件的破坏模式主要分为压屈破坏、压弯破坏和约束失效破坏三种。压屈破坏与压弯破坏均表现出边缘方钢管柱脚处受压屈服并形成鼓曲环，破坏时方钢管柱转角位置有竖向裂缝产生，混凝土压碎并少量溢出，未出现连贯的裂缝层的现象；但压屈破坏钢板出现明显屈曲现象，这种破坏形态主要出现在大轴压比试件中；而对于未设置约束方钢管柱的试件，破坏形态表现为封口板处钢材撕裂，压碎混凝土成粉末溢出，同时波纹钢板鼓曲，属于约束失效破坏。试件的破坏模式主要与轴压比、约束方钢管柱设置以及剪跨比有关。

（2）由于 L 形双波纹钢板混凝土组合剪力墙试件截面的非对称性，故其滞回曲线呈现正、负向的不对称且有一定程度的"捏拢"，正向残余变形普遍较大。总体来看，轴压比越大，滞回曲线形状更为饱满；增大翼缘宽度或设置边缘约束方钢管柱也可使滞回曲线更饱满，试验范围内剪跨比则影响不大。

（3）所有 L 形试件平均延性系数均超过 4.00，其值介于 4.24～5.20 之间，其中发生压屈破坏试件的位移延性系数均大于 4.50，正、负向极限层间位移角均大于我国现行抗震规范规定的结构弹塑性层间位移角容许限制值 1/50。由此可知，L 形双波纹钢板混凝土组合剪力墙试件具有较好的变形能力和抗倒塌能力。试验范围内，设置边缘约束方钢管柱和增大翼缘宽度可有效提高试件的延性系数，而轴压比和剪跨比对位移延性系数影响不大。

（4）对于 L 形双波纹钢板混凝土剪力墙来说，波纹方向对试件抗震性能指标的影响较大，而波纹尺寸对试件抗震性能指标的影响较小。在竖向窄波纹、竖向宽波纹、横向窄波纹这三种不同波纹类型中，竖向窄波纹钢板试件的极限承载能力、抗侧刚度、延性和耗能最优，而横向窄波纹试件强度退化最严重。通过对比可知，竖向窄波纹钢板的强轴方向与水平作用力垂直时，能够增强对内部混凝土的约束能力，表现出更为优异的抗震性能，两者协同工作性能更优。

（5）设置边缘约束方钢管柱可以提高试件的承载能力、延性和耗能，其中承载力可提高 13.5%，延性可约提高 40%，由此可知，设置约束方钢管柱可提高钢板剪力墙的约束效果和承载能力。约束方钢管柱的设置是剪力墙强度退化和刚度退化的关键因素。未设置约束方钢管柱试件的强度退化和刚度退化均较快，但其抗侧刚度较大，说明剪力墙墙身对抗侧刚度的贡献占比较大。

（6）适度增大试件的翼缘宽度可提高试件的承载能力，但整体影响并不明显，其均值极限承载力可提高 3.7%。在剪跨比为 1.5 的条件下，增大翼缘宽度对试件承载力和初始抗侧刚度的提高更稳定有效。同时增大翼缘宽度还可以减缓试件的强度退化程度和翼缘受压时的刚度退化程度。

（7）在试验范围内，随着轴压比的增大，试件承载力和初始抗侧刚度均逐渐提高。但试件强度退化速率加快，退化过程波动较大。在一定条件下，适度增大轴压比可增强波纹钢板对核心混凝土的约束作用，从而有效提高 L 形剪力墙的承载能力、抗侧刚度和单个循环的耗能能力；但增大轴压比也会抑制内部混凝土的塑性发展，加剧腹板边缘约束方钢管柱的鼓曲程度，从而导致试件的强度退化较快、变形能力下降，延性降低。

（8）剪跨比的改变对试件均值极限承载力、抗侧刚度和初始环线刚度有较大的影响，而对延性系数和等效黏滞阻尼系数影响较小。剪跨比从 1.5 增大至 2.0 时，试件均值极限承载力下降 26.7%，初始抗侧刚度下降 33.6%，延性下降 5.97%。小剪跨比试件的抗侧刚度退化更快；加载后期，大剪跨比试件表现出更为优越的耗能能力。

第 5 章

T形双波纹钢板混凝土组合剪力墙抗震性能

5.1 概述

为进一步完整地分析研究异形截面双波纹钢板混凝土组合剪力墙在低周反复荷载下的破坏机理和滞回特性，基于课题组同批次完成浇筑、加载的 T 形双波纹钢板剪力墙试验，对 T 形双波纹钢板剪力墙在低周反复荷载下的破坏特征和抗震性能进行了分析，总结了各个参数对试件抗震性能的影响。为后续关于异形截面双波纹钢板混凝土组合剪力墙承载力计算方法的提出提供试验支撑。同时，本章试验结果可为 T 形双波纹钢板混凝土组合剪力墙结构的抗震设计提供参考。

5.2 试验现象及破坏形态

5.2.1 压弯破坏试件

压弯破坏形态表现为试件除了腹板边缘约束方钢管柱受压屈服出现鼓曲环外，方钢管柱转角处出现较长竖向裂缝，且试件的水平方向表面也出现较宽水平裂缝，形成横纵连贯的裂缝层，导致被压碎混凝土外露，但墙身钢板尚未出现明显破坏。试件 TW4、TW5 和 TW10 在低周反复荷载作用下发生压弯破坏。根据试验所观测到的现象，具体的破坏过程描述如下：

（1）弹性阶段：试件加载的弹性阶段，荷载增加较快，滞回曲线为直线，此过程中时而有声响发出，但墙体表面钢板未观察到明显变化，残余变形较小。

（2）弹塑性阶段：当位移角达到 0.8% 时，试件进入弹塑性阶段，在加载过程中发出间断响声，混凝土与钢板接触界面开始出现局部粘结破坏。随着位移角的增大，腹板边缘约束方钢管柱出现鼓曲现象，频繁出现响声；试件经历峰值荷载时，边缘方钢管柱已形成较尖锐的鼓曲环。此阶段中，试件 TW5 在位移角达到 1.0% 时腹板边缘约束方钢管柱出现微鼓曲，而试件 TW4 和 TW10 均在位移角达到 1.2% 时腹板边缘约束方钢管柱首次出现鼓曲现象。

（3）破坏阶段：随着加载的进行，竖向裂缝在腹板边缘约束方钢管柱的转角处出现；当位移角达到 2.0% 时，水平裂缝在试件表面出现，竖向裂缝宽度发展至 10 mm；接近破坏荷载时，水平裂缝发展飞快，横纵贯穿的裂缝层在约束方钢管柱处形成，试件内部被压碎的混凝土溢出。试件的典型外观破坏变化过程和最终破坏形态如图 5-1、图 5-2 所示。

（a）首次出现鼓曲　　　　（b）鼓曲环形成　　　　（c）竖向裂缝出现　　　　（d）贯穿裂缝层形成

图 5-1　压弯破坏试件典型破坏过程

（a）TW4　　　　　　　　　（b）TW5　　　　　　　　　（c）TW10

图 5-2　压弯破坏试件的最终破坏形态

5.2.2　压屈破坏试件

压屈破坏形态表现为边缘方钢管柱脚处受压屈服并形成鼓曲环，但试件未出现贯穿的裂缝层，混凝土在开裂后被压碎，与钢板之间丧失粘结力。破坏时，竖向裂缝仅在方钢管柱的转角处可观察到，无水平裂缝，没有形成连贯的裂缝层。试件 TW1、TW2、TW3、TW6、TW7、TW8 和 TW9 在低周反复荷载作用下发生压屈破坏。根据试验所观测到的现象，具体的破坏全过程如下：

（1）弹性阶段：试件加载初始阶段，在位移角 0.2%～0.6% 的过程中，滞回曲线基本为直线，此时试件处于弹性阶段，正、负向承载力上升较快且无明显变形。

（2）弹塑性阶段：当位移角达到 0.8% 时，即名义屈服点，到达试件的弹塑性阶段，滞回曲线的斜率逐渐减小，残余变形出现。此阶段出现断续声响，这说明混凝土与波纹钢板接触界面发生局部粘结破坏，同时随着位移角的逐渐增大，在腹板边缘约束方钢管柱脚处可以观察到轻微鼓曲现象，此时承载力上升变缓。当试件经历峰值荷载后，试件表面出现掉漆现象，方钢管柱底的鼓曲进一步增大。此阶段中，各试件均在位移角达到1.2%时腹板边缘约束方钢管柱首次出现鼓曲。

（3）破坏阶段：随着加载的进行，方钢管柱脚三面均出现鼓曲并逐渐形成鼓曲环。在继续加载的过程中，鼓曲变得更尖锐，约束方钢管柱混凝土与混凝土底座出现轻微分离，承载力不断下降，但并未在方钢管柱处观察到水平和竖向裂缝，且墙体的波纹钢板无明显的屈曲；当承载力下降至极限承载力的85%以下时，试验结束。压屈破坏试件在此状态时的位移角均大于1/43。典型试件的外观破坏过程及最终形态分别如图5-3、图5-4所示。

| (a) 初始状态 | (b) 首次出现鼓曲 | (c) 鼓曲环形成 | (d) 鼓曲环尖锐、掉漆 |

图 5-3   压屈破坏试件典型破坏过程

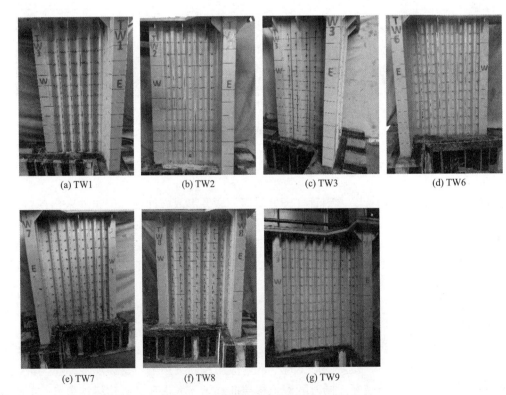

| (a) TW1 | (b) TW2 | (c) TW3 | (d) TW6 |

| (e) TW7 | (f) TW8 | (g) TW9 |

图 5-4   压屈破坏试件的最终破坏形态

5.2.3　破坏特征分析

T形双波纹钢板剪力墙试件的破坏形态主要分为压屈破坏和压弯破坏两种，都属于典型的弯曲破坏，这两类破坏模式的细部形态如图 5-5 所示，各试件的主要破坏形态及破坏模式见表 5-1。由图 5-5 和表 5-1 可知：

(a) 压屈破坏

(b) 压弯破坏

图 5-5　各类破坏模式的细部形态

试件的主要破坏形态及破坏模式　　表 5-1

试件编号	轴压比	剪跨比	波纹类型	主要破坏形态	破坏模式
TW1	0.1	2.0	竖向窄波纹	方钢管柱脚处形成约 50 mm 高的鼓曲范围，方钢管柱角处出现竖向裂缝，水平方向出现宽度较小的裂缝，裂缝未贯穿方钢管柱，观察到内部混凝土压碎	压屈破坏
TW2	0.2	2.0	竖向窄波纹	方钢管柱底部形成 80 mm 高的屈曲区域，形成鼓曲环，无裂缝出现	压屈破坏
TW3	0.2	2.0	竖向宽波纹	方钢管柱底部形成 50 mm 高的屈曲区域，无裂缝出现，在底部形成突出的鼓曲环	压屈破坏
TW4	0.2	2.0	横向窄波纹	腹板边缘与方钢管交界处钢板被撕裂，出现较大缺口，混凝土被压碎后大量外露，出现较宽的水平裂缝，最终形成连贯的裂缝层	压弯破坏
TW5	0.2	2.0	竖向窄波纹	腹板边缘底部的钢板表面出现撕裂，延伸至墙身波纹钢板处，形成长度约 240 mm 的连贯裂缝层，试件内部混凝土被压碎外露	压弯破坏
TW6	0.1	1.5	竖向窄波纹	距方钢管柱底部约 50 mm 的区域出现鼓曲现象，底部有明显的鼓曲环	压屈破坏
TW7	0.2	1.5	竖向窄波纹	竖向裂缝在方钢管底部的转角处出现，同时出现较短的水平裂缝，裂缝未贯穿方钢管柱	压屈破坏
TW8	0.2	1.5	竖向宽波纹	方钢管的底部形成约 50 mm 高的屈曲区域，有较平缓的鼓曲环产生，无裂缝出现	压屈破坏
TW9	0.2	1.5	竖向窄波纹	距方钢管柱底部 150 mm 处出现鼓曲，出现较平缓的鼓曲环	压屈破坏
TW10	0.2	2.0	竖向窄波纹	方钢管柱的底部形成约 100 mm 高的屈曲区域，方钢管柱底部钢板被撕裂，角部和水平方向出现较宽裂缝，形成贯穿的裂缝层，有粉末状混凝土露出	压弯破坏

试件的破坏形态和破坏模式主要与波纹钢板形状、剪跨比和约束方钢管柱设置有关。当波纹钢板形状为竖向波纹且剪跨比较小时，布置约束方钢管的试件均发生压屈破坏，表现为腹板边缘约束方钢管柱受压屈服并形成鼓曲环，混凝土出现裂缝后被压碎，与钢板之间失去粘结力，但无裂缝产生；而在相同条件下，剪跨比较大的试件发生压屈破坏时，在方钢管柱底部转角处可观察到竖向裂缝。当波纹钢板形状为水平波纹时，试件发生压弯破坏，表现为试件除了腹板边缘约束方钢管柱受压屈服出现鼓曲环外，同时在方钢管转角处观察到竖向裂缝，且其他三面均出现水平裂缝，核心混凝土破坏后呈粉末状溢出，最终底部的钢板被拉裂，形成贯穿的裂缝层。这说明在低周反复荷载下横向波纹的抗弯刚度较强，其对内部混凝土的约束能力也强于水平波纹。剪跨比较小的试件破坏程度要轻于剪跨比较大的试件。未增设约束方钢管柱的试件发生出现贯穿裂缝层的压弯破坏，而设置约束方钢管的时间发生压屈破坏，这说明通过增设约束构件可增强波纹钢板与混凝土之间的相互约束，保证墙体的协同工作。随着轴压比增大，试件破坏愈加明显，鼓曲变得更加尖锐，鼓曲范围扩大。这说明轴压比较大时，试件在破坏时局部的屈曲会更加严重，塑性铰的高度也会增加。

5.3   受力机理分析

T 形双波纹钢板混凝土组合剪力墙与一字形双波纹钢板混凝土组合剪力墙受力不同之处在于，T 形试件在低周反复荷载作用下的受力情况可根据翼缘受力状态可分为两类：当翼缘受拉时，T 形试件截面受压区高度略大，此时承载力较大；当翼缘受压时，T 形试件截面的受压区高度略小，此时承载力较小。

5.3.1   压屈破坏

在低周反复荷载作用下，试件 TW1、TW2、TW3、TW6、TW7、TW8 和 TW9 发生压屈破坏，以试件 TW2 作为代表试件来分析 T 形试件压屈破坏时的受力机理。图 5-6 展示了试件 TW2 关键点位的应变数值，其中图 5-6(a) 为腹板边缘约束方钢管柱底的应变-位移角（位移）曲线图，图 5-6(b) 为试件底排螺杆的应变-位移角（位移）曲线图，图 5-6(c) 为翼缘受压时试件底部 95.00 mm 高度处沿墙体截面高度方向的竖向应变分布情况，图 5-6(d) 为翼缘受拉时试件底部 95.00 mm 高度处沿墙体截面高度方向的竖向应变分布情况。h_c 表示应变片测量点至腹板和翼缘交界处间的距离。

由图 5-6 可知，当在试件的弹性阶段时，试件的残余变形较小，故方钢管柱底钢板和螺杆的应变值较小，且翼缘受压或受拉时，沿墙体宽度方向的竖向应变值也相差较小，弹性阶段由钢板和混凝土共同承担荷载。当试件处于弹塑性阶段时，腹板边缘约束方钢管柱出现鼓曲现象，试件频繁出现响声，这说明钢板与内部混凝土交界面的粘结力出现局部失效，边缘约束方钢管柱底与螺杆的应变数值不断增大，且翼缘受拉或受压时，腹板边缘的钢板应变值均大于靠近翼缘与腹板交界处的应变。试件经历峰值荷载时，腹板边缘约束方钢管柱底的鼓曲进一步延伸，故此时方钢管柱底钢板的受压应变更大，此阶段荷载由钢板和混凝土共同承担，而钢板主要承受压应力。当试件处于破坏阶段时，腹板边缘约束方钢管柱底部已形成鼓曲环；并且随着加载的进行，鼓曲环变尖锐，由图 5-6(a) 可知，腹板边缘约束方钢管柱的柱底应变陡降，这表明钢板屈服并逐渐退出工作，此阶段主要由核心混凝土承担荷载，核心混凝土主要承受压应力。破坏阶段后期，试件底部出现较小的竖向裂缝，由图 5-6(c)～(d) 可知，当翼缘受压时，距翼缘与腹板交接处 600～700 mm 内，底部钢板的拉应变值较大并达到屈服；当翼缘受拉时，距翼缘与腹板交界处 500～700 mm 内，底部钢板的压应变值较大并达到屈服，进入屈服的范围较翼缘受压时大；当翼缘受压或受拉时，翼缘部分的应变值较小，未屈服。以上破坏形式表现为小偏压破坏。从整体上看，在位移角达到 2.0% 时，构件截面沿高度方向的竖向应变分布基本呈线性，满足平截面假定。

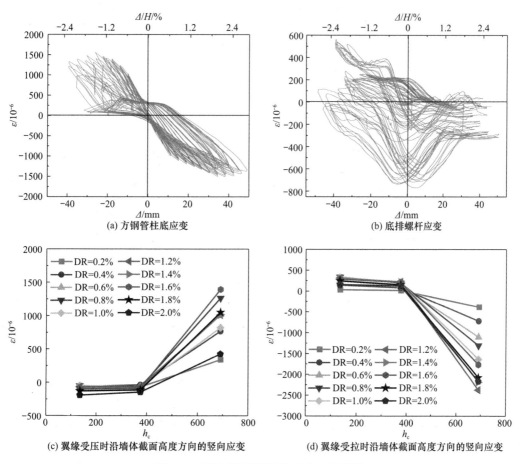

图 5-6   压屈破坏典型试件的应变曲线图

5.3.2 压弯破坏

在低周反复荷载作用下，试件 TW4、TW5 和 TW10 为压弯破坏，选取试件 TW10 作为代表试件来分析 T 形试件压弯破坏时的受力机理。图 5-7 为试件 TW10 关键点位的应变数据图，其中图 5-7(a) 为腹板边缘约束方钢管柱底的应变-位移角（位移）曲线图，图 5-7(b) 为试件底排螺杆的应变-位移角（位移）曲线图，图 5-7(c) 为翼缘受压时试件底部 95 mm 高度处沿墙体截面高度方向的竖向应变分布情况，图 5-7(d) 为翼缘受拉时试件底部 95 mm 高度处沿墙体截面高度方向的竖向应变分布情况。h_c 表示应变片测量点至腹板和翼缘交界处的距离。

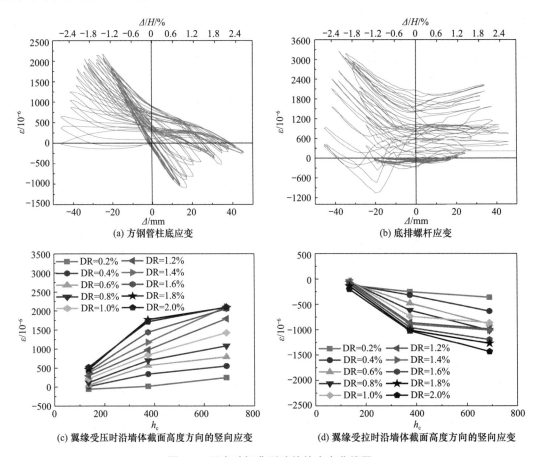

图 5-7   压弯破坏典型试件的应变曲线图

由图 5-7 可知,在试件加载的弹性阶段,方钢管柱底钢板和螺杆的应变值较小,且翼缘受压或受拉时,沿墙体宽度方向的竖向应变值也相差较小,此阶段由钢板和混凝土共同承担荷载。当试件处于弹塑性阶段时,试件在加载过程中发出间断响声,这说明试件内部混凝土开裂,与钢板之间发生局部粘结破坏。随着位移角的增大,鼓曲首次在腹板边缘约束方钢管的底部出现,由图 5-7(a) 可知,腹板边缘约束方钢管底部的钢板应变不断增大。对比图 5-7(c)~(d) 可知,此阶段靠近交界处的钢板应变值较小,而腹板位置的钢板应变值较大;翼缘受压时,腹板位置的钢板承受较大的拉应力;翼缘受拉时,腹板位置的钢板承受较大的压应力;故弹塑性阶段前期,钢板与混凝土共同承担荷载。而试件经历峰值荷载时,底排螺杆抵抗拉应力的作用显现,应变增长较快,如图 5-7(b) 所示。此时,腹板边缘约束方钢管柱的钢板处,拉应变明显超过压应变。当试件处于破坏阶段时,处于受拉区和受压区构件的拉(压)应变值均大于其屈服应变,并逐渐达到极限应变,这说明墙体钢板已达到极限强度。腹板边缘约束方钢管柱在出现尖锐鼓曲环的基础上,均出现横向裂缝和竖向裂缝,并形成贯穿裂缝层,核心混凝土被压碎外露,承载力大幅度下降,此时约束方钢管柱底部应变值下降,表明钢板退出工作;试件底排螺杆应变仍缓慢增长,破坏阶段主要由核心混凝土承担压应力。翼缘及靠近翼缘与腹板交接处的钢板应变较小，而在距翼缘与腹板交界处 495～690 mm 内，底部的钢板均已屈服。破坏形式表现为大偏压破坏。从整体上看，在位移角达到 2.0% 时，构件截面沿高度方向的竖向应变分布基本呈线性，满足平截面假定。

5.4　试验结果及分析

5.4.1　滞回曲线

T 形双波纹钢板剪力墙的水平力-位移（层间位移角）（P-Δ、P-Δ/H）滞回曲线如图 5-8 所示。加载初期，滞回曲线的加卸曲线斜率变化较小，正、负向加载构成的滞回环较小，且试件卸载后未出现残余变形。当位移角逐渐增大时，残余变形出现且不断增大，滞回现象愈加明显。由于 T 形剪力墙试件截面并非完全对称，故滞回曲线正负向不对称，均出现程度不同的"捏拢"现象，这与试件在加载过程中产生的较大滑移有关。

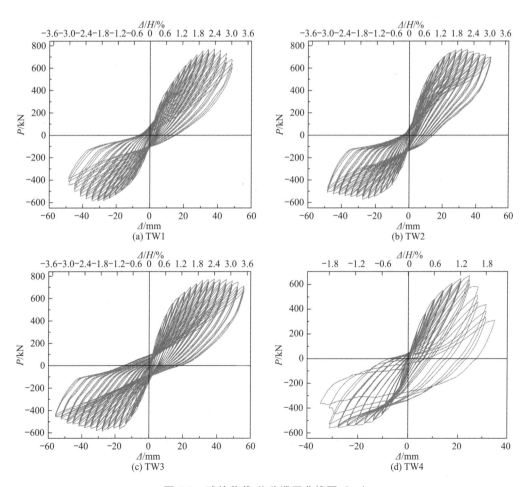

图 5-8　试件荷载-位移滞回曲线图（一）

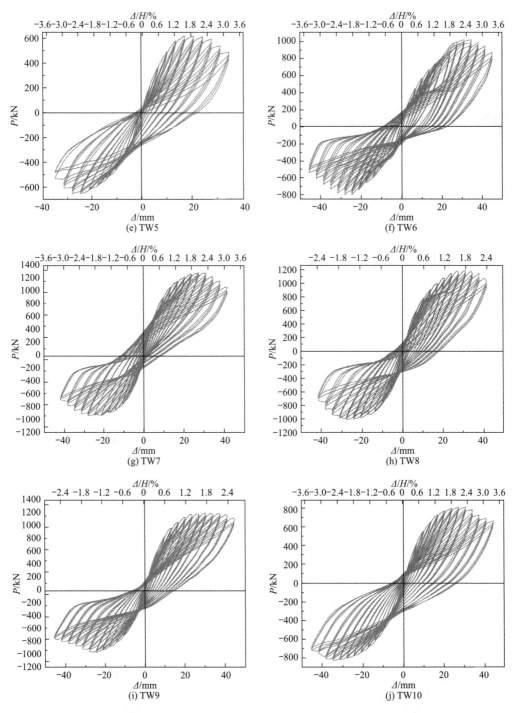

图 5-8　试件荷载-位移滞回曲线图（二）

整体上看，轴压比的变化对滞回曲线的形状产生不同程度的影响，在相同条件下，轴压比越大，滞回曲线形状更为丰满。窄波纹试件的滞回曲线比宽波纹试件的更饱满，水平窄波纹试件的滞回环最饱满、呈梭形，但单个滞回环面积较小。翼缘宽度的变化对滞回曲线形状无显著影响，且破坏时试件翼缘部分无明显现象，故试件负向残余变形远小于正向残余变形。随着剪跨比的增大，滞回曲线形状更饱满。设置约束方钢管柱可以提高试件的延性。

5.4.2　骨架曲线

图 5-9 展示了各构件的骨架曲线。曲线特征点包括屈服点、峰值点和极限点，屈服点数值由能量等值法确定，极限点定义为下降段中极限荷载的 85% 所对应的点。各特征点对应的水平力和位移见表 5-2。其中，正向为翼缘受拉，负向为翼缘受压。

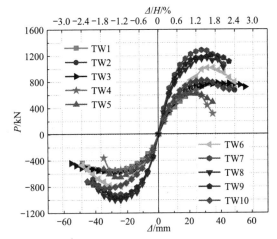

图 5-9　各试件水平荷载-位移角骨架曲线

由图 5-9 和表 5-2 可知，骨架曲线与受力过程基本类似，其可分为弹性、弹塑性和强度退化三个受力阶段。由于 T 形剪力墙截面不完全对称性，故所有试件的骨架曲线均呈不对称 S 形。正向极限荷载高于负向极限荷载，这是因为翼缘区域内钢板分担受拉承载力，提高了正向的承载能力。弹性阶段各试件的骨架曲线斜率较大，离散性较小，受参数变化影响小。在混凝土与钢板发生粘结破坏后，骨架曲线斜率开始变小，承载力上升缓慢；轴压比增大会提升试件的峰值承载力，但同时会导致试件的延性降低。试件的正向加载时峰值荷载高于负向加载时的峰值荷载。进入强度退化阶段后，鼓曲环形成，钢板屈服；除 TW4、TW5 和 TW10 试件因柱脚的钢板被撕裂发生压弯破坏，骨架曲线下降阶段较陡峭，强度退化下降较快外，其他试件水平荷载下降较缓，延性较好。减小剪跨比可增大试件的极限荷载，这是因为当剪跨比较小时，试件的总体变形中剪切变形比例较大，故峰值荷载得到有效提升。

主要试验结果　　　　　　　　　　　　　　　　　　　表 5-2

试件编号	加载方向	屈服点		峰值点		破坏点	
		P_y/kN	D_y/mm	P_m/kN	D_m/mm	P_u/kN	D_u/mm
TW1	正向	517.04	15.02	774.86	34.80	658.60	48.53
	负向	386.10	10.08	585.30	31.32	497.50	45.30
	均值	451.57	12.55	680.08	33.06	578.05	46.92
TW2	正向	588.80	13.80	780.97	31.32	663.80	55.67
	负向	402.10	9.15	571.00	27.84	439.50	54.49
	均值	495.45	11.48	675.99	29.58	551.65	55.08
TW3	正向	582.80	15.41	780.42	38.28	663.40	55.59
	负向	398.00	8.33	585.10	27.84	497.40	50.29
	均值	490.40	11.87	682.76	33.06	580.40	52.94
TW4	正向	488.00	10.58	672.93	24.36	572.00	28.10
	负向	391.60	8.35	557.20	31.32	473.60	32.70
	均值	439.80	9.47	615.07	27.84	522.80	30.40

续表

试件编号	加载方向	屈服点		峰值点		破坏点	
		P_y/kN	D_y/mm	P_m/kN	D_m/mm	P_u/kN	D_u/mm
TW5	正向	474.50	9.80	616.84	20.88	524.30	32.50
	负向	452.30	10.40	653.10	24.35	555.10	33.60
	均值	463.40	10.10	634.97	22.62	539.70	33.05
TW6	正向	637.40	12.80	1015.10	34.80	862.80	45.30
	负向	503.90	10.70	798.70	27.84	678.90	39.60
	均值	570.65	11.75	906.90	31.32	770.85	42.45
TW7	正向	941.10	11.21	1284.80	27.84	1092.10	40.70
	负向	676.90	9.20	926.90	27.84	787.90	37.77
	均值	809.00	10.21	1105.85	27.84	940.00	39.24
TW8	正向	843.10	12.20	1165.40	31.32	990.60	41.76
	负向	727.30	9.70	1000.20	27.84	850.20	38.30
	均值	785.20	10.95	1082.80	29.58	920.40	40.03
TW9	正向	928.20	12.72	1206.80	34.80	1025.80	45.24
	负向	685.50	9.90	968.50	24.36	823.60	38.84
	均值	806.85	11.31	1087.65	29.58	924.70	42.04
TW10	正向	624.30	12.48	823.90	27.84	700.30	42.10
	负向	553.40	11.70	822.50	31.32	699.20	45.24
	均值	588.85	12.09	823.20	34.58	699.75	43.67

注：P_y 和 D_y 分别为名义屈服点的水平力和位移；P_m 和 D_m 分别为峰值点的水平力和位移，P_m 又称为水平承载力；P_u 和 D_u 分别为破坏点的水平力和位移；m_D 为位移延性系数，$m_D = D_u/D_y$。

5.4.3 强度退化

图 5-10 为 T 形双波纹钢板混凝土剪力墙试件的强度退化曲线。由图 5-10 可见，在加载初期，所有试件均出现强度强化的现象；随着位移角的增大，试件强度开始退化，且强度退化系数随着位移角的增大而逐渐减小，表明强度退化加剧。到达峰值荷载前，强度退化幅度较小，各试件的强度退化系数介于 0.9～1.0。经过峰值荷载后，各试件均出现强度较大幅度下降，其中试件 TW4 出现强度急剧下降的现象，强度退化系数从 0.90 直接降至 0.70 左右，这与试件 TW4 钢板被撕裂、发生压弯破坏有一定的相关性。而对于压屈破坏的试件，其强度退化相对较为稳定，这是由于边缘约束方钢管柱内的混凝土被压碎后，未发生钢板被撕裂现象，试件仍然具备承担荷载的能力，故强度下降缓慢。

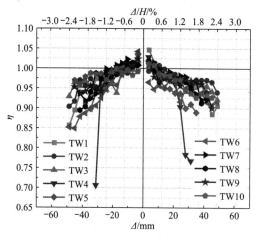

图 5-10   各试件强度退化曲线

5.4.4　环线刚度退化

图 5-11 为 T 形双波纹钢板混凝土剪力墙试件的环线刚度退化曲线。由图 5-11 可知，
各试件环线刚度退化规律大体一致，表现
为环线刚度退化速率先快后慢的变化规律，
原因可归结为：加载初期核心混凝土与波
纹钢板之间粘结力局部失效，混凝土裂缝
数量增多，钢板逐渐屈服，故刚度退化速
率相对较快；而由弹性阶段转为弹塑性阶
段后，混凝土裂缝数量不再增多，此时腹
板边缘约束方钢管柱底部的钢板受压屈服
与受压鼓曲状态相互交替，因此刚度退化
速率减缓。试件最终破坏时，各试件的刚
度退化曲线趋于相似。波纹类型对试件刚
度退化的影响相对较小。试件的正负向初
始环线刚度随剪跨比增大而减小，其中试
件 TW7 的正向初始环线刚度最优。

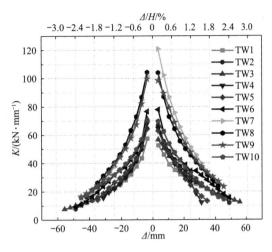

图 5-11　各试件环线刚度退化曲线

5.4.5　抗侧刚度

T 形双波纹钢板剪力墙试件的抗侧刚度见表 5-3。由表 5-3 可知，T 形试件的抗侧刚
度平均值为 28.422 kN/mm，其中试件 TW7 的抗侧刚度最大，试件 TW3 的抗侧刚度最
小。试件抗侧刚度随轴压比和剪跨比的增大而增大。窄波纹试件的抗侧刚度更优。由此可
见，波纹尺寸、轴压比和剪跨比对试件的抗侧刚度影响较大。

表 5-3　T 形试件的抗侧刚度

试件编号	TW1	TW2	TW3	TW4	TW5	TW6	TW7	TW8	TW9	TW10
抗侧刚度 $K_{\mathrm{m}}/(\mathrm{kN} \cdot \mathrm{mm}^{-1})$	20.660	22.850	20.650	22.090	28.080	28.960	39.720	36.610	36.770	27.830

5.4.6　位移延性系数

利用破坏点和屈服点的位移值，可得到试件的位移延性系数，具体计算结果如表 5-4
所示。由表 5-4 可见，对比试件的正向延性系数和负向延性系数发现，试件的正向延性系
数较负向的小，但正负向延性系数平均值均达到 3 以上，最高达到 4.06，说明在低周反复
加载作用下，T 形双波纹钢板剪力墙试件的变形性能优异。就波纹类型而言，竖向波纹试
件的延性明显优于横向波纹试件。腹板边缘未设置约束方钢管柱的试件延性系数最低，说
明约束方钢管柱的存在可以提高试件的变形能力。试件翼缘宽度的改变对延性系数的影响
较小。试件的延性系数均随轴压比、剪跨比的增大而降低。由此可见，波纹类型、设置约
束方钢管柱、轴压比和剪跨比是 T 形双波纹钢板剪力墙延性的主要影响因素，其中设置约
束方钢管柱影响程度最大。

T形试件的延性系数及层间位移角　　　　　表 5-4

试件编号	加载方向	D_y/H	D_m/H	D_u/H	μ	正负向均值 μ
TW1	正向	1/116	1/50	1/36	3.63	4.06
	负向	1/173	1/56	1/38	4.49	
TW2	正向	1/126	1/56	1/36	3.51	3.94
	负向	1/190	1/62	1/38	4.36	
TW3	正向	1/113	2/91	1/31	3.61	4.01
	负向	1/209	1/62	1/38	4.41	
TW4	正向	1/165	1/71	1/62	2.65	3.29
	负向	1/209	1/56	1/53	3.92	
TW5	正向	1/178	1/83	1/54	3.32	3.28
	负向	1/167	1/71	1/52	3.23	
TW6	正向	1/140	1/50	1/38	3.67	3.89
	负向	1/180	1/62	1/44	4.11	
TW7	正向	1/151	1/62	1/43	3.52	3.69
	负向	1/177	1/62	1/46	3.85	
TW8	正向	1/143	1/56	1/42	3.42	3.69
	负向	1/179	1/62	1/45	3.95	
TW9	正向	1/136	1/50	1/38	3.56	3.74
	负向	1/175	1/71	1/45	3.92	
TW10	正向	1/139	1/62	1/41	3.37	3.62
	负向	1/148	1/56	1/38	3.87	

5.4.7　层间位移角

表 5-4 列出了试件各特征点处的层间位移角。由表 5-4 可总结：对于所有试件，其正向加载的屈服层间位移角均值为 1/142，正向极限层间位移角均值为 1/41；负向加载的屈服层间位移角均值为 1/170，负向极限层间位移角均值为 1/44；正负向极限层间位移角均大于规范规定的结构弹塑性层间位移角容许限制值为 1/50，这说明 T 形双波纹钢板剪力墙试件屈服后，仍具备高延性与抗倒塌能力。

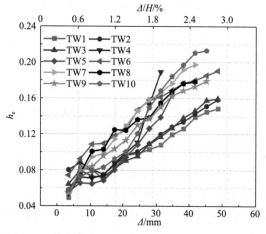

图 5-12　等效黏滞阻尼系数-位移（位移角）关系曲线

5.4.8　耗能能力

图 5-12 为 T 形双波纹钢板剪力墙试件的等效黏滞阻尼系数-位移（位移角）关系曲线。从图 5-12 中可以看出，各试件的等效黏滞阻尼系数随层间位移角的增大而逐渐增大。屈服前，试件的等效黏滞阻尼系数较低，平均值约为 0.10；试件屈服后，等效黏滞阻尼系数增长速度加快。当荷载超过峰值荷载后，相同位移角下发生压弯破坏试件的黏滞阻尼系数要大于发生压屈破坏试件的黏滞阻尼系数，这是因为发生

压弯破坏的试件其钢板出现撕裂，说明材料强度得到充分利用，因此能量耗散性能较好。

5.5　影响因素分析

5.5.1　波纹类型的影响

波纹类型（包括波纹方向和波纹尺寸）是影响 T 形双波纹钢板剪力墙抗震性能的主要因素之一。因此本书研究了三种不同波纹类型（竖向窄波纹、竖向宽波纹、横向窄波纹）对 T 形双波纹钢板混凝土剪力墙抗震性能指标的影响。图 5-13 给出了波纹方向和波纹尺寸对试件抗震性能指标的对比情况，其中图中 $P_{\mathrm{u,a}}{}^{+,-}$ 为取正负向极限承载力均值后的代表值，通过对比分析可以得到以下结论：

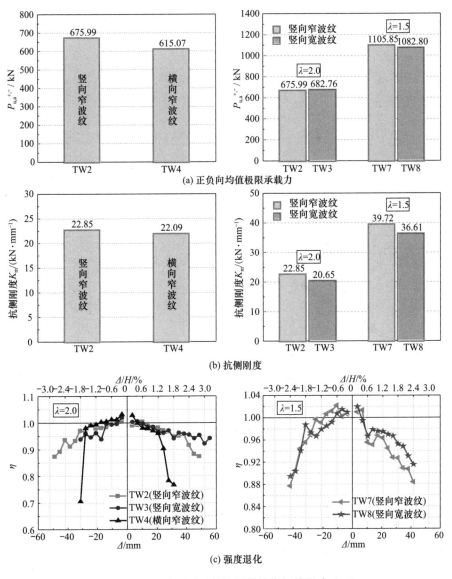

(a) 正负向均值极限承载力

(b) 抗侧刚度

(c) 强度退化

图 5-13　波纹类型对试件抗震性能指标的影响（一）

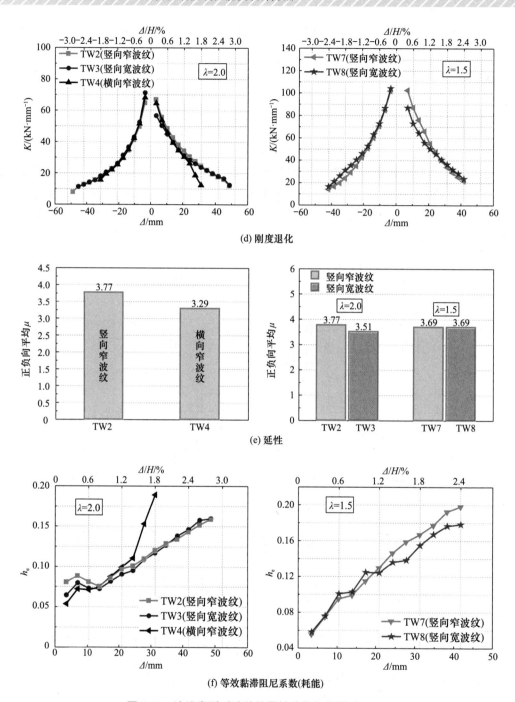

(d) 刚度退化

(e) 延性

(f) 等效黏滞阻尼系数(耗能)

图 5-13　波纹类型对试件抗震性能指标的影响（二）

（1）波纹尺寸对极限承载力的影响较小，变化波动范围在 1%～2%。竖向窄波纹试件的均值极限承载力大于横向窄波纹试件，约为横向窄波纹试件的 1.1 倍，这说明在低周反复荷载作用下，竖向窄波纹钢板对内部混凝土的约束能力更强，两者协同工作性更优。因此，采用竖向窄波纹钢板试件的承载能力可提高约 10%。对于竖向波纹试件，当剪跨比为2.0 时，竖向宽波纹试件的极限承载力略高于竖向窄波纹试件；而当剪跨比为 1.5 时，竖向窄波纹试件的极限承载力更优。试件 TW7 的极限承载能力最强。

（2）竖向窄波纹试件的抗侧刚度略大于横向窄波纹试件，但两者数值相差较小，这说明波纹方向对试件抗侧刚度的影响很小。对于竖向波纹试件，竖向窄波纹试件的抗侧刚度均大于竖向宽波纹刚度。当剪跨比为 2.0 时，采用竖向窄波纹钢板试件的抗侧刚度可提高约 11.0%；当剪跨比为 1.5 时，采用竖向窄波纹钢板试件的抗侧刚度可提高约 8.5%。整体来看，试件 TW7 的抗侧刚度最佳。

（3）波纹形状对于加载初期的强度退化曲线影响较小。而加载中后期横向窄波纹约束混凝土能力相对较弱，横向窄波纹试件较快达到极限荷载后，发生压弯破坏，其承载力快速减小，强度退化系数出现陡降，因此强度退化最严重。波纹尺寸对强度退化的影响较波纹方向小，通过对比竖向波纹试件可知，宽、窄波纹试件的强度退化趋势相似，但最终破坏时，宽波纹试件的强度退化程度小于窄波纹试件。

（4）波纹方向对试件初始刚度的影响较小，试件的初始刚度相近，在弹性阶段刚度退化曲线近似重叠。在经历峰值荷载后，横向窄波纹试件约束较弱的特点显现，在腹板边缘约束方钢管柱可观察到水平与竖向裂缝，故曲线出现刚度急剧退化现象。竖向波纹试件刚度退化相对较缓，但最终破坏时的刚度值较横向波纹试件小。剪跨比为 1.5 的竖向波纹试件其初始刚度较剪跨比为 2.0 的试件大，为同类型试件的 1.5～1.8 倍。试验范围内，剪跨比对试件刚度退化的规律影响不明显，刚度退化速率的表现趋势为先快后慢，通过观察还可知，竖向窄波纹试件的刚度退化速率要略高于竖向宽波纹试件。

（5）对于所有试件，其正负向平均延性系数均大于 3。竖向窄波纹试件的延性约为横向窄波纹试件的 1.15 倍，可见采用竖向波纹钢板可提高钢板剪力墙的延性。对于竖向波纹钢板试件，当剪跨比为 1.5 时，波纹尺寸对试件延性没有影响；而当剪跨比为 2.0 时，采用竖向窄波纹钢板试件的延性可提高 7.4%。在这三种不同波纹类型中，竖向窄波纹钢板试件 TW2 的延性最优。

（6）三种不同的波纹形状试件中，横向窄波纹试件的等效黏滞阻尼系数增速最快，并且其值在试件破坏时最大，是竖向窄波纹试件的 1.2 倍，这是因为横向窄波纹试件破坏时钢板被撕裂，材料强度得到充分发挥。当剪跨比为 2.0 时，波纹尺寸对竖向波纹钢板试件的影响较小，TW2 和 TW3 曲线趋势基本重合。当剪跨比为 1.5 时，加载前期竖向宽波纹试件的等效黏滞阻尼系数增大较快，后期竖向窄波纹试件增长较快，这是因为宽波纹试件的约束较小，加载前期内部混凝土裂缝发展较快，耗能增长快；约束方钢管柱屈服鼓曲后，窄波纹试件的约束作用得以充分发挥，故耗能更大。在这三种不同波纹类型中，在剪跨比为 1.5 的条件下，竖向窄波纹钢板试件 TW7 的耗能最优。

5.5.2　设置约束方钢管柱的影响

由前面所述试件的破坏模式可知，腹板边缘约束方钢管柱的设置是影响 T 形双波纹钢板剪力墙破坏模式的关键因素之一，因此本书研究了设置约束方钢管柱对 T 形双波纹钢板剪力墙的抗震性能指标的影响。图 5-14 为设置约束方钢管柱对试件抗震性能指标的影响，通过对比分析可得到以下结论：

（1）设置边缘约束方钢管柱试件的极限承载力比未设置边缘约束方钢管柱试件提高了 6.5%，这是因为方钢管混凝土柱的承载能力强于剪力墙墙身波纹钢板，在低周反复荷载作用下，未设置边缘约束方钢管柱试件在腹板边缘受拉撕裂破坏后，承载力无法进一步增大，故设置约束方钢柱的试件极限承载力更优。

（2）未设置边缘约束方钢管柱的试件 TW5 的抗侧刚度较大，约为试件 TW2 的 1.2 倍，由此可知，剪力墙墙身对抗侧刚度的贡献占比较大。

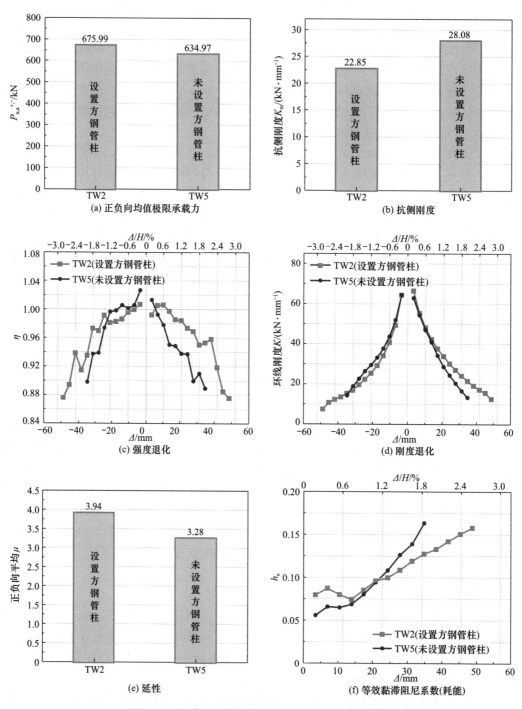

图 5-14　约束方钢管柱对试件抗震性能指标的影响

（3）未设置约束方钢管柱的试件 TW5，其强度退化曲线较为陡峭，这是因为试件 TW5 主要由波纹钢板墙身承受荷载，随着加载的进行，试件的损伤不断累积，因此试件强度退化幅度加大，表现为强度退化系数快速降低。而对于设置约束方钢管柱的试件，其强度退化曲线波动相对较小，但在试件的加载后期，其混凝土被破坏后强度退化曲线也出现陡降现象，这说明约束方钢管柱的设置是剪力墙强度退化的关键因素。

（4）约束方钢管的设置与否对试件初始刚度的影响较小。而当试件的加载进入弹塑性阶段后，对于未设置方钢管柱的试件，其刚度退化速率相对较快，且破坏时的剩余刚度值相比设置方钢管柱试件更小，这是因为未设置方钢管柱的试件在腹板边缘处钢板鼓曲后，继而钢板撕裂，水平裂缝快速延伸，试件提前破坏，故刚度衰减较快。

（5）对于设置方钢管柱的试件，其延性更优，约为未设置方钢管柱试件的 1.2 倍，这是因为未设置方钢管柱的试件在经历峰值荷载后迅速达到破坏状态，且破坏状态时位移较小。设置约束方钢管柱可提高钢板剪力墙的约束效果和延性。

（6）设置方钢管柱的试件在整个加载过程中等效黏滞阻尼系数缓慢稳定上升；而未设置方钢管柱的试件因较早出现鼓曲现象，最先达到破坏状态，故等效黏滞阻尼系数上升段较为陡峭。整体上看，设置方钢管柱试件的能量耗散性能优于未设置方钢管柱的试件。

5.5.3　翼缘宽度的影响

翼缘宽度的大小会影响剪力墙试件抵抗平面外变形能力，故本书研究三种不同翼缘宽度（750 mm、870 mm、1080 mm）对 T 形双波纹钢板剪力墙抗震性能指标的影响。图 5-15 为翼缘宽度对试件抗震性能指标的对比情况，通过对比分析可得到以下结论：

（1）在两种不同剪跨比条件下，试件的正负向均值极限承载力随翼缘宽度的改变呈现不同的变化趋势，其中当剪跨比为 1.5 时，当翼缘宽度由 870 mm 增大到 1080 mm 时，均值极限承载力提高了 19.9%；当剪跨比为 2.0 时，当翼缘宽度由 750 mm 增大到 1080 mm 时，均值极限承载力降低了 2%，试件 TW7 表现出较强的承载能力。

（2）当剪跨比为 2.0 时，试件的抗侧刚度也随翼缘宽度的增大而增大，其中当翼缘宽度由 750 mm 增大到 1080 mm 时，试件的抗侧刚度增大了 21.8%。然而当剪跨比为 1.5 时，试件的翼缘宽度由 750 mm 增大到 1080 mm 时，试件的抗侧刚度减小了 7.4%。综合承载力和抗侧刚度的变化规律来看，在剪跨比为 1.5 的条件下，增大翼缘宽度对试件承载力和抗侧刚度的提高更稳定有效。

（3）翼缘宽度对加载前期的强度退化影响不大，表现为强度先强化后退化的变化规律。加载中后期，在相同位移级数下，翼缘宽度大的试件较翼缘宽度小的试件其强度退化系数更大；且处于负向受力状态下的强度退化曲线相较缓和，表明通过增加翼缘宽度的方式可起到延缓强度退化的作用，尤其在翼缘受压时减缓效果较为明显。

（4）试件 TW7 的正负向初始环线刚度值均为最大。当剪跨比为 1.5 时，两个试件的刚度退化曲线几乎重合，说明此时翼缘宽度对试件刚度退化无明显影响，只对正向初始环线刚度值有影响。当剪跨比为 2.0 时，对于翼缘宽度大的试件，其负向受力时刚度退化程度较翼缘宽度小的试件小，表明增大翼缘宽度对翼缘受压时的刚度退化起到减缓作用，但对翼缘受拉时的刚度影响不大。

（5）翼缘宽度的改变对延性的影响不大，波动范围在 8% 以内。当剪跨比为 1.5 时，翼缘宽度大的试件延性较优；而当剪跨比为 2.0 时，翼缘宽度小的试件延性更优。

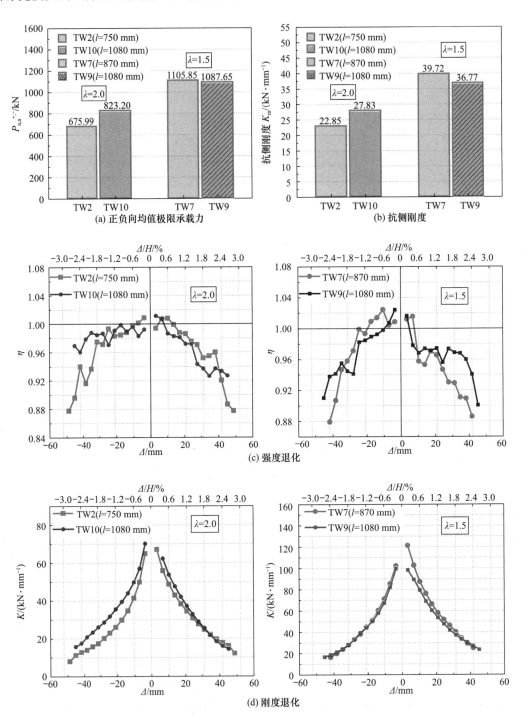

图 5-15　翼缘宽度对试件抗震性能指标的影响（一）

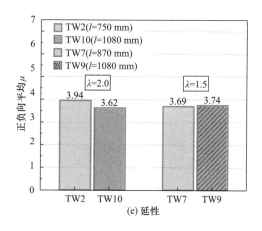

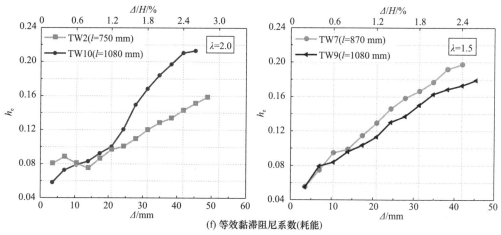

图 5-15　翼缘宽度对试件抗震性能指标的影响（二）

（6）当剪跨比为 2.0 时，试件 TW10 发生压弯破坏，使得材料的强度充分发挥，故翼缘宽度较大试件 TW10 的等效黏滞阻尼系数大于试件 TW2，且约为试件 TW2 的 1.4 倍。而当剪跨比为 1.5 时，翼缘宽度较小试件 TW7 的等效黏滞阻尼系数大于试件 TW9，出现这类现象的原因可能是试件 TW9 的基础梁在加载中开裂，锚固强度较弱，并且在试件在加载后期试件与基础梁连接处发生了分离现象，基础梁的破坏程度比试件本身大，剪力墙试件未能充分发挥其承载能力，所以耗能能力较低。

5.5.4　轴压比的影响

轴压比是构件抗震设计中要考虑的因素之一，本书以轴压比为变化参数，研究了不同轴压比下 T 形双波纹钢板混凝土剪力墙的抗震性能，图 5-16 为轴压比对试件抗震性能指标的影响，通过对比分析可以得到以下结论：

（1）在剪跨比为 1.5 的条件下，当轴压比从 0.1 增大到 0.2 时，均值极限承载力提高了 21.9%，说明在此条件下，适度增大轴压比可增强波纹钢板对核心混凝土的约束作用，从而有效提高 T 形剪力墙的承载能力。而当剪跨比为 2.0 时，试件极限承载力受轴压比变化的影响较小，且轴压比较大试件 TW2 的承载力略有下降，下降幅度为 0.6%。

（2）与均值极限承载力的变化规律相反，在剪跨比为 1.5 的条件下，当轴压比从 0.1 增大到 0.2 时，抗侧刚度降低了 8%；而在剪跨比为 2.0 的条件下，当轴压比从 0.1 增大到 0.2 时，抗侧刚度提高了 10.6%。从整体来看，试件 TW7 的抗侧刚度最优。

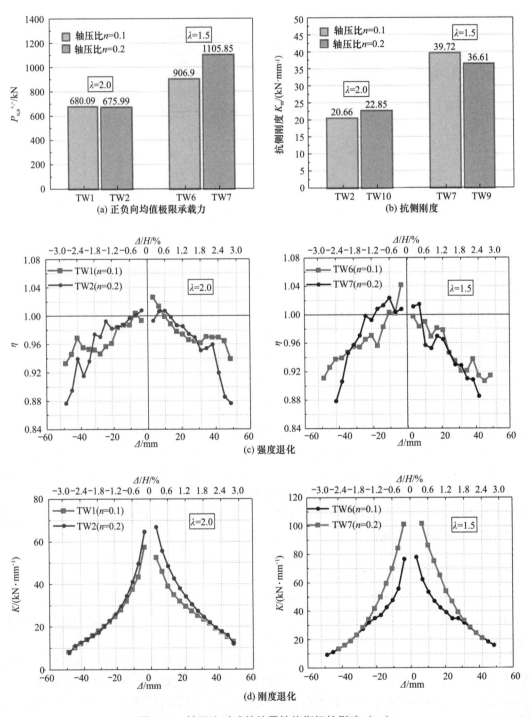

图 5-16   轴压比对试件抗震性能指标的影响（一）

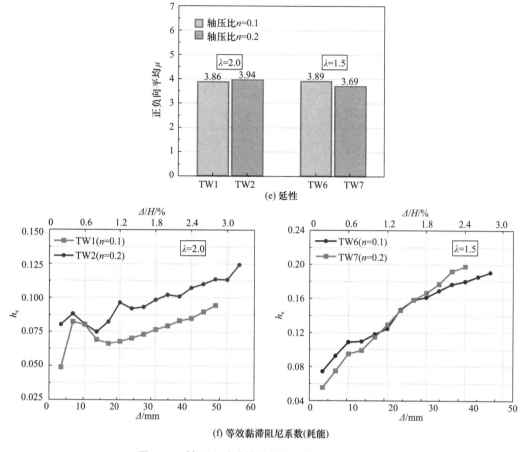

(e) 延性

(f) 等效黏滞阻尼系数(耗能)

图 5-16　轴压比对试件抗震性能指标的影响（二）

（3）加载前期试件未达到屈服状态时，各强度退化曲线较平缓。随着水平位移的增大，轴压比较大的试件强度退化较轴压比较小的试件快，且轴压比较大试件的最终强度退化系数较小，说明增大轴压比会加剧腹板边缘约束方钢管柱的鼓曲程度，从而导致试件的强度退化较快。

（4）轴压比的变化对试件初始环线刚度有影响，当剪跨比为 1.5 时，轴压比较大试件 TW9 的正负向初始环线刚度均提高约 32.9%；当剪跨比为 2.0 时，轴压比较大试件 TW2 的正向初始环线刚度提高了 33.3%，而负向初始环线刚度提高了 15.5%。加载前中期，轴压比较大的试件刚度退化曲线较为陡峭，由此可知，轴压比较大的试件在此阶段的损伤发展迅速且不断累积。轴压比的改变对后期刚度退化影响较小，各试件曲线几乎重合。

（5）与其他抗震性能指标对比，轴压比的变化对试件延性系数的影响相对较低，变化波动范围在 2%～5%，其中轴压比较大试件 TW9 的延性下降幅度略大，这说明增大轴压比可以提高试件水平方向的承载能力，但也会在一定程度上限制内部混凝土的塑性发展，从而导致变形能力下降，延性降低。

（6）在加载过程中，当剪跨比为 2.0 时，在相同的位移级数下，轴压比较大试件 TW2 的等效黏滞阻尼系数均大于轴压比较小试件 TW1，最终等效黏滞阻尼系数约为试件 TW2 的 1.3 倍，这说明在此条件下，适当增大轴压比可以增强单个循环的耗能能力。而当剪跨比为 1.5 时，前期轴压比较小试件 TW6 的等效黏滞阻尼系数较大，试件屈服后，轴压比较大试件 TW7 的等效黏滞阻尼系数较大，但较快达到破坏状态。

5.5.5　剪跨比的影响

为研究剪跨比对 T 形双波纹钢板剪力墙抗震性能的影响，设计了两种不同剪跨比的试件进行对比分析。图 5-17 为剪跨比对试件抗震性能指标的影响，通过对比分析得到以下结论：

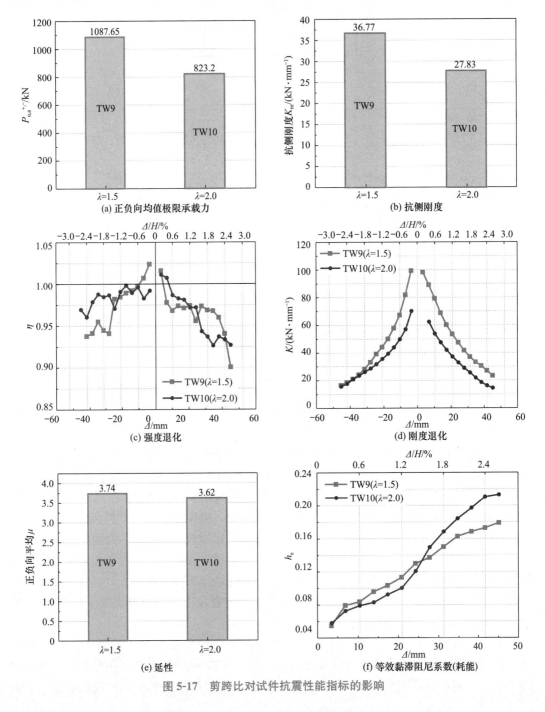

图 5-17　剪跨比对试件抗震性能指标的影响

（1）剪跨比的改变对试件均值极限承载力有较大的影响。当剪跨比从 1.5 增大至 2.0 时，试件均值极限承载力下降了 24.3%，因此在进行 T 形双波纹钢板剪力墙设计时应充分考虑剪跨比对抗震性能的影响。

（2）与均值极限承载力的变化趋势一致，试件抗侧刚度随剪跨比的增大而减小，当剪跨比从 1.5 增大至 2.0 时，抗侧刚度下降了 24.2%，这说明可以通过减小剪跨比以提升试件的抗弯承载力，从而提升抗侧刚度。

（3）剪跨比对试件强度退化的影响较小，试件强度退化趋势基本相同。加载前期，小剪跨比试件 TW9 在正负向均出现强化现象，且强化系数比大剪跨比试件 TW10 大；而在最终破坏时，小剪跨比试件 TW9 的退化系数较小；这说明剪跨比对最初强化系数和最终退化系数有一定的影响。

（4）小剪跨比的初始环线刚度较大，与大剪跨比试件相比，正向初始环线刚度提高了 53.8%，负向初始环线刚度提高了 42.9%。同时，在加载的过程中，在同一位移级数下，小剪跨比试件的环线刚度比大剪跨比试件大，故剪跨比较大试件的时间刚度退化程度较大，这说明了剪跨比是影响 T 形双波纹钢板剪力墙初始环线刚度的关键因素之一。

（5）剪跨比的改变对试件延性系数的影响不大，试件的延性系数较为接近，其中小剪跨比试件的延性更优，较大剪跨比试件提高了 3.3%。

（6）加载前期，试件的等效黏滞阻尼系数相差不大。在试件屈服前，小剪跨比试件 TW9 的等效黏滞阻尼系数较大；试件屈服后即位移角达到 1.4%，大剪跨比试件 TW10 的等效黏滞阻尼系数较大，且最终等效黏滞阻尼系数约为小剪跨比试件的 1.2 倍，这与试件 TW10 发生压弯破坏有关，试件破损情况较严重，材料强度充分发挥作用，故耗能能力较大。从整体来看，剪跨比对最终等效黏滞阻尼系数有一定的影响。

5.6　本章小结

本章通过分析同课题组 10 个 T 形双波纹钢板混凝土剪力墙试件在低周反复荷载作用下的拟静力试验，研究了 T 形双波纹钢板混凝土剪力墙的破坏特征和破坏模式，并重点分析各参数的变化对试件抗震性能指标的影响，得到结论如下：

（1）T 形双波纹钢板混凝土剪力墙试件的破坏模式主要分为压屈破坏和压弯破坏两种。压屈破坏表现为边缘方钢管柱脚处受压屈服并形成鼓曲环，个别试件破坏时在方钢管柱的转角处仅可观察到竖向裂缝，未出现贯穿的裂缝层；压弯破坏与压屈破坏不同之处在于压弯破坏试件破坏时出现横纵连贯的裂缝层。试件的破坏模式主要与波纹钢板类型、约束方钢管柱设置和剪跨比有关。

（2）由于 T 形双波纹钢板混凝土剪力墙试件截面的非对称性，故试件滞回曲线的正负向不对称，且均出现程度不同的"捏拢"现象。发生压弯破坏的试件较为饱满，捏拢程度较轻，但其单个滞回环面积较小。轴压比和剪跨比越大，滞回曲线形状更为丰满。约束方钢管柱的增加可以提高试件的延性。

（3）所有 T 形试件的正负向延性系数均值介于 3.28～4.08，正负向平均屈服层间位移角为 1/154，正负向极限层间位移角均值为 1/44。由此可知，T 形双波纹钢板混凝土剪力墙试件具备较好的变形与抗倒塌能力。

（4）在竖向窄波纹、竖向宽波纹、横向窄波纹这三种不同波纹类型中，波纹尺寸对试件抗震性能指标影响较小，而波纹方向的影响相对较大。其中，竖向窄波纹钢板试件的极限承载能力、抗侧刚度、延性和耗能最优，而横向窄波纹试件强度退化最严重，竖向宽波纹试件强度的退化程度略轻。通过对比可知，竖向窄波纹钢板对内部混凝土的约束能力更强，在低周反复荷载作用下两者协同工作性能更优。

（5）设置边缘约束方钢管柱可以提高试件的承载能力、延性和耗能，其中承载力可提高 6.5%，延性可提高 20.1%，由此可知，设置约束方钢管柱可提高钢板剪力墙的约束效果和承载能力。约束方钢管柱的设置是剪力墙强度退化和刚度退化的关键因素。未设置约束方钢管柱的试件强度退化和刚度退化均较快，但其抗侧刚度较大，说明剪力墙墙身对抗侧刚度的贡献占比较大。

（6）适度增大试件的翼缘宽度可有效提高试件的承载能力，其中均值极限承载力可提高 19.9%～21.8%。在剪跨比为 1.5 的条件下，增大翼缘宽度对试件承载力和抗侧刚度的提高更稳定有效。同时增大翼缘宽度还可以减缓试件的强度退化程度和翼缘受压时的刚度退化程度。翼缘宽度的改变对延性的影响不大，波动范围在 8% 以内。

（7）轴压比从 0.1 增大到 0.2，均值极限承载力可提高 21.9%，正负向初始环线刚度可提高 15.5%～33.3%，延性变化波动范围在 2%～5%。在一定条件下，适度增大轴压比可增强波纹钢板对核心混凝土的约束作用，从而有效提高 T 形剪力墙的承载能力、抗侧刚度和单个循环的耗能能力；但增大轴压比也会抑制内部混凝土的塑性发展，加剧腹板边缘约束方钢管柱的鼓曲程度，从而导致试件的强度退化较快，变形能力下降，延性降低。

（8）剪跨比的改变对试件均值极限承载力、抗侧刚度和初始环线刚度有较大的影响，而对强度退化和等效黏滞阻尼系数影响较小。剪跨比从 1.5 增大至 2.0 时，试件均值极限承载力下降 24.3%，抗侧刚度下降 24.2%，正负向初始环线刚度平均下降 48.4%，延性下降 3.3%。而大剪跨比试件发生压弯破坏，故等效黏滞阻尼系数较大。因此，在进行 T 形双波纹钢板混凝土剪力墙设计时应充分考虑剪跨比对抗震性能的影响。

（9）综合对比分析变化参数对 T 形试件抗震性能指标的影响可知，在低周反复荷载作用下，带腹板边缘约束方钢管柱双竖向窄波纹钢板 T 形剪力墙试件 TW7 各项抗震性能指标较优，具有较好的抗震性能。

第6章

一字形、L形、T形截面双波纹钢板混凝土组合剪力墙抗震性能对比分析

6.1 概述

为系统研究分析双波纹钢板混凝土组合剪力墙抗震性能，本章基于第3、4和5章的试验结果，对一字形、L形和T形截面双波纹钢板混凝土组合剪力墙体系进行归纳总结，对比分析了三类截面双波纹钢板混凝土组合剪力墙在抗震性能指标方面的差异，为工程设计提供必要的参考。

6.2 破坏形态对比

由试验现象可知，试件破坏形态主要包括压弯破坏、压屈破坏和约束失效破坏三类，其主要与试件的轴压比、剪跨比、波纹类型以及墙体连接构件有关。

6.2.1 压弯破坏

发生该类破坏的试件主要包括轴压比不超过0.2的大剪跨比或小剪跨比且布置连接构件的一字形试件（W1、W2、W4、W5、W7、W8、W9、W10、W11、W13）、剪跨比为1.5且采用竖向窄波纹或剪跨比为2.0且采用竖向宽波纹的L形试件（LW3、LW5、LW6、LW7、LW10）、剪跨比为2.0且不设置方钢管柱或采用横向波纹的T形试件（TW4、TW5）以及剪跨比为2.0且增大翼缘宽度的T形试件（TW10）。

具体破坏过程为：一字形试件在位移角为1/125～1/83.3时方钢管柱微鼓曲，L形试件在位移角为1/125～1/100时方钢管柱微鼓曲，T形试件在位移角为1/83.3时方钢管柱微鼓曲；随加载位移角增大，鼓曲现象更为明显，腹板边缘约束方钢管柱的转角处产生竖向裂缝，在接近破坏荷载时方钢管柱出现水平裂缝，最终形成连贯的裂缝层，压碎混凝土粉末溢出，破坏时各试件的位移角超过1/55.6。

最终破坏形态表现为：各类型试件的腹板边缘方钢管柱除了受压屈服出现鼓曲环外，同时柱角竖向开裂并沿水平向扩展，压碎混凝土粉末溢出，墙体波纹钢板均未见明显鼓曲。最终破坏形态如图6-1所示。

6.2.2 压屈破坏

发生该类破坏的试件主要包括轴压比为0.4或波纹类型为平钢板的一字形试件（W3、

W6、W12、W14)、剪跨比为 2.0 的 L 形窄波纹试件（LW1、LW2、LW4、LW9）、剪跨比为 1.5 的 T 形试件（TW6、TW7、TW8、TW9）以及剪跨比为 2.0 但有约束方钢管柱的 T 形竖向波纹试件（TW1、TW2、TW3）。

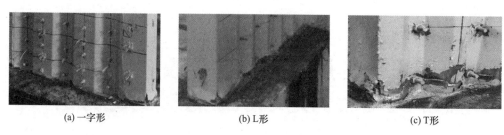

| (a) 一字形 | (b) L形 | (c) T形 |

图 6-1   三类试件压屈破坏的细部形态

具体破坏过程为：一字形试件在位移角为 1/100 时方钢管柱微鼓曲，L 形试件在位移角为 1/125～1/100 时方钢管柱微鼓曲，T 形试件在位移角为 1/83.3 时方钢管柱微鼓曲；随加载位移角增大，鼓曲现象更为明显，且一字形试件在位移角增至 1/45.5 时墙体鼓曲；当位移角超过 1/55.6 时，试件承载力降至峰值荷载的 85% 以下。

最终破坏形态表现为：L 形和 T 形试件的腹板边缘方钢管柱均受压屈服并鼓曲呈环，但剪跨比为 2.0 的 T 形试件在方钢管柱转角处出现竖向裂缝，而一字形试件的破坏形态则表现为板边缘方钢管柱鼓曲明显甚至开裂，且对应高度的墙体波纹钢板同样被压屈，说明 L 形和 T 形试件破坏程度相当，而一字形试件破坏程度更严重。最终破坏形态如图 6-2 所示。

| (a) 一字形 | (b) L形 | (c) T形 |

图 6-2   三类试件压屈破坏的细部形态

6.2.3   约束失效破坏

发生该类破坏的试件主要包括剪跨比为 1.5 且未设置连接构件的一字形试件（W15）以及未设置约束钢管柱的 L 形试件（LW8）。

具体破坏过程为：两类试件均在 1/250 时出现微鼓曲，一字形试件首次鼓曲部位在南侧波纹钢板处，L 形试件鼓曲则发生在封口钢板处；当位移角达到 1/83.3 时，一字形试件墙身钢板突然出现连续的屈曲褶皱，L 形试件在位移角达到 1/55.6 时，封口钢板开裂后迅速出现鼓曲并平行于加载方向延伸；破坏时一字形和 L 形试件的位移角分别为 1/71.4 和 1/41.7，由此说明翼缘存在使得 L 形试件破坏过程要缓于一字形试件。

最终破坏形态表现为：两类试件的墙身波纹钢板均整体向外鼓胀且屈曲，同时 L 形试件墙角处伴有竖向裂缝且混凝土压碎粉末溢出。最终破坏形态如图 6-3 所示。

(a) 一字形　　　　　　　　　　　　　　　　　(b) L形

图 6-3　两类试件压屈破坏的细部形态

6.2.4　破坏特征对比分析

通过比较各截面试件的破坏过程发现，试验范围内，未设置约束构件或增大轴压比均会导致试件破坏程度加剧，延性降低，这一方面说明增设约束构件可提高波纹钢板与混凝土的相互约束能力，保证试件的协同工作，另一方面说明适当轴压比可缓和试件的局部屈曲程度，降低塑性铰高度。不同截面试件破坏形态的区别为：对于 L 形和 T 形试件，小剪跨比试件的破坏程度要轻于大剪跨比试件，而一字形试件则呈相反规律，原因可解释为，减小剪跨比一方面可提高波纹钢板与混凝土的接触面积，有利抗弯刚度提高，另一方面较宽的腹板会削弱钢板与混凝土的约束作用，降低抗弯刚度，两方面相互影响，对于一字形试件而言不利作用比重更大；而 L 形和 T 形试件由于翼缘存在，使得腹板抗弯能力提高，最终表现为有利作用比重更大。此外，通过观察发现，试件破坏均始于约束方钢管柱阳角处，距基础底座高度范围在 3～15 cm，建议在该处增设纵向钢筋或型钢以提高薄弱部位的受力性能，从而增大试件的整体承载力。

6.3　试验结果对比分析

为了对比不同截面试件的抗震性能差异性，选取了一字形、L 形和 T 形试件在相同变化参数下的试验结果分为 A、B、C、D、E 和 F 组进行对比，其中 A 组表示轴压比对不同截面试件的影响，包括剪跨比 2.0 试件 W1、W2、LW1、LW2、TW1、TW2，以及剪跨比 1.5 试件 W11、W10、LW5、LW6、TW6、TW7；B 组表示剪跨比对不同截面试件的影响，包括试件 W1、W10、LW1、LW10、TW9 和 TW10；C 组表示波纹类型（波纹尺寸、波纹方向）对不同截面试件的影响，包括试件 W1、W4、W5、LW1、LW3、LW4、TW2、TW3 和 TW4；D 组表示约束构件（翼缘宽度、约束方管柱）对不同截面试件的影响，对比试件包括 LW1、LW5、LW8、LW9、LW10、TW2、TW5、TW7、TW9 和 TW10。

6.3.1　滞回曲线对比

各组试件的滞回曲线对比如图 6-4 所示。由图可见，一字形试件的滞回曲线基本正、负向对称，而 L 形和 T 形试件由于翼缘存在而出现正向承载力高于负向承载力的现象，但总体两者的承载力均高于一字形试件。

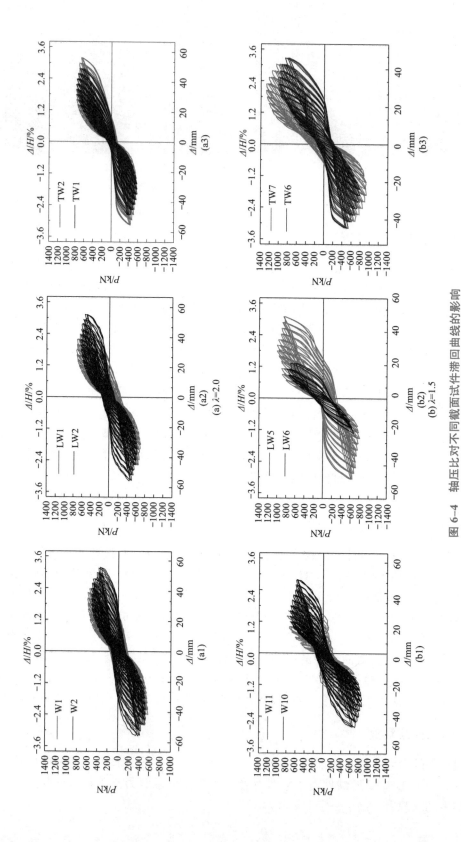

图 6-4　轴压比对不同截面试件滞回曲线的影响

　　图 6-4 为轴压比对不同截面试件的滞回曲线。由图 6-4 可见，对于剪跨比为 2.0 试件，轴压比变化对试件的滞回曲线影响较小，而对于剪跨比为 1.5 的试件，轴压比增大，试件的峰值荷载增大，但同时峰值后荷载下降速率加快（试件 LW6 由于故障，不做考虑），其中 T 形试件相比一字形试件变化更为显著，原因是翼缘存在，轴压比增大使得其约束作用增强，故承载力提升更显著，但同时延性降低。

　　图 6-5 为不同剪跨比下各截面试件的滞回曲线。由图 6-5 可见，剪跨比越小，试件的初始刚度和峰值荷载越大，曲线更饱满，影响程度由大到小依次为：T 形、L 形和一字形试件，原因是翼缘存在使腹板宽度增大对试件初始刚度及承载力的积极作用得以扩大，而一字形试件由于缺乏翼缘约束导致当腹板宽度增大时混凝土与钢板粘结力不足而过早破坏。

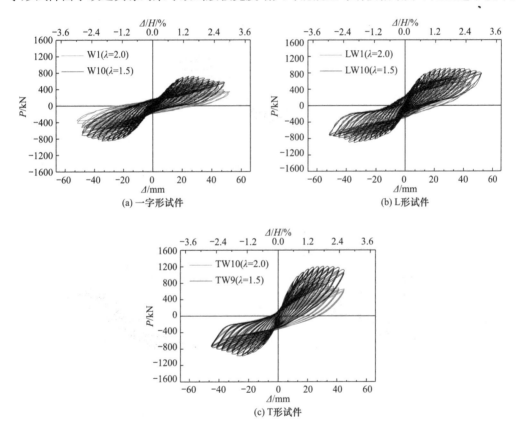

图 6-5　剪跨比对不同截面试件滞回曲线的影响

　　图 6-6 表示波纹类型对各类型试件滞回曲线的影响。由图 6-6 可见，一字形试件的滞回曲线形状受波纹尺寸影响不大，而 L 形和 T 形试件当选用宽波纹时，相比窄波纹试件其滞回曲线更饱满、延性更好，可见对于 L 形和 T 形试件，可采用竖向宽波纹提高其整体抗震性能；相比横向波纹试件，竖向波纹试件的承载力更高、滞回环更饱满，其中 L 形和 T 形试件的提升效果要显著于一字形试件。

　　图 6-7 为约束构件对各类型试件滞回曲线的影响，其中试件 LW9 由于试验故障不做考虑。由图可见，设置边缘方钢管柱可显著提高试件正向承载力，并减缓峰值后荷载的下降速率，而翼缘宽度对试件的滞回曲线形状影响不大。

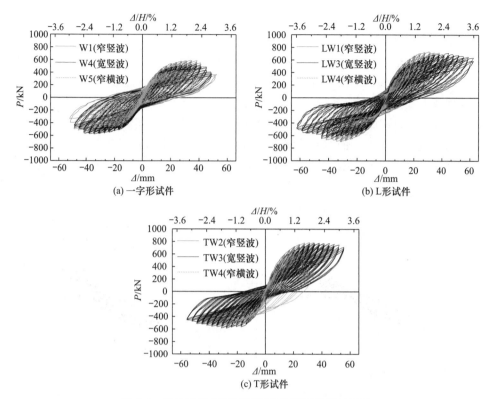

图 6-6　波纹类型对不同截面试件滞回曲线的影响

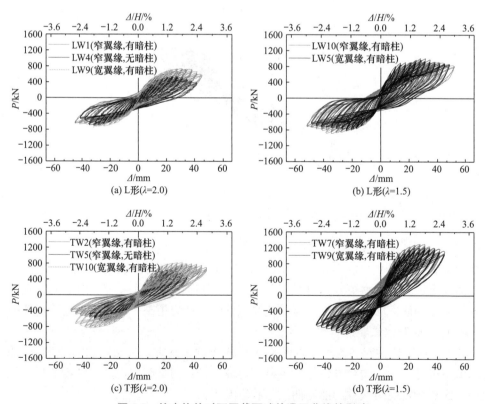

图 6-7　约束构件对不同截面试件滞回曲线的影响

6.3.2　受剪承载力对比

图 6-8 为不同截面试件的受剪承载力对比图。由图 6-8 可知，总体上各试件的受剪承载力由大到小依次为：T 形、L 形和一字形试件，说明增设翼缘对于试件的受剪承载力有提升作用。

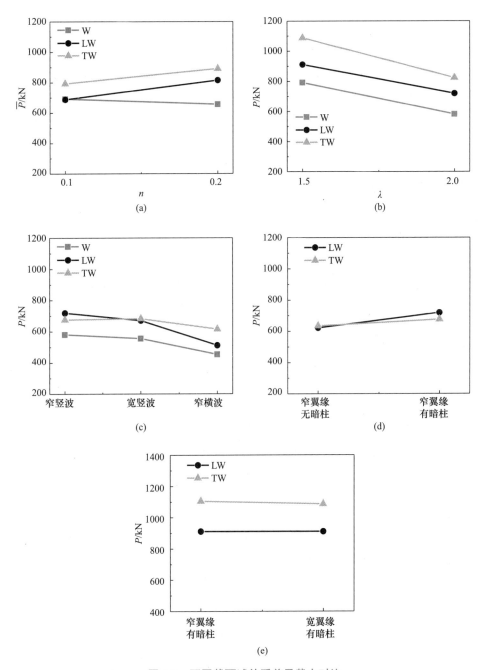

图 6-8　不同截面试件受剪承载力对比

图 6-8(a) 为轴压比变化对各类试件承载力的影响，纵坐标表示 A 组同轴压比、不同

剪跨比试件的承载力平均值。由图 6-8(a) 可知，随着轴压比增大，一字形试件平均承载力降低了 5.19％，而 L 形和 T 形试件的平均承载力则提高了 18.43％和 12.28％。说明适当增大轴压比有利于提高 L 形和 T 形试件的波纹钢板对核心混凝土的约束作用，而一字形试件则更易鼓曲而承载力降低。

图 6-8(b) 为剪跨比变化对各类试件承载力的影响。由图 6-8(b) 可见，剪跨比越大，不同截面试件的承载力均下降，其中一字形、L 形和 T 形试件分别下降了 26.82％、21.09％和 24.31％。说明剪跨比改变、翼缘存在对波纹双钢板剪力墙试件的承载力变化影响较小。

图 6-8(c) 为不同波纹类型对各类试件承载力的影响。由图 6-8(c) 可见，相比竖向窄波纹试件，采用竖向宽波纹对不同截面试件的承载力影响较小，变化幅度仅在 $-1.00％$～$6.77％$，而采用横向窄波纹时试件的承载力下降相对显著，一字形、L 形和 T 形试件分别下降了 22.17％、28.87％和 9.01％。由此可知波纹类型对试件影响程度由大到小依次为：L 形、一字形和 T 形试件。

图 6-8(d) 为约束方管柱对各类剪跨比 2.0 试件承载力的影响。由图 6-8(d) 可见，相比不设置约束方钢管柱试件，设置约束方钢管柱的 L 形和 T 形试件承载力分别提高了 15.59％和 6.46％，原因是边缘约束方钢管柱提高了波纹钢板对核心混凝土的约束能力，其中 L 形试件提升更明显。

图 6-8(e) 为翼缘宽度对各类剪跨比 1.5 试件承载力的影响。由图 6-8(e) 可见，翼缘宽度对小剪跨比 L 形和 T 形试件的受剪承载力影响程度较小，相比窄翼缘试件，宽翼缘 L 形和 T 形试件的承载力仅下降了 0.10％和 1.65％。

6.3.3　刚度退化对比

图 6-9 为各组试件的刚度退化对比图。由图 6-9 可知，相同加载位移角下，总体上各试件的刚度由大到小依次为：T 形、L 形和一字形试件，说明增设翼缘对于试件的刚度有提升作用。

图 6-9(a、b) 为不同截面试件的刚度退化对比图。由图 6-9(a、b) 可见，轴压比越大，试件的刚度越高，且剪跨比越小其刚度提高越显著；比较可知，轴压比增大对试件刚度的提高程度由大到小依次为：T 形、L 形和一字形试件，原因是轴压比增大，提高了约束构件对试件的约束作用，相比一字形试件，T 形和 L 形试件由于翼缘存在使得约束面积更大，故刚度提高更显著。

图 6-9(c) 为剪跨比变化对各类试件刚度退化的影响。由图 6-9(c) 可见，剪跨比越小，试件的刚度越大；剪跨比改变对不同截面形式试件的影响主要在于初始刚度和前期刚度退化速率，随剪跨比减小，L 形和 T 形试件的平均初始环线刚度分别提高了 48.25％和 41.63％，而一字形试件则相差不大，且前期刚度退化速率由快到慢依次为 T 形、L 形和一字形试件。

图 6-9(d) 为波纹类型对各类试件刚度退化的影响。由图 6-9(d) 可见，波纹类型主要影响试件的刚度退化速率，相比窄波纹试件，宽波纹试件后期刚度退化速率减缓，而采用横向波纹的试件其后期刚度退化速率加快；此外，不同截面形式试件的刚度退化规律受波纹类型的影响不显著。

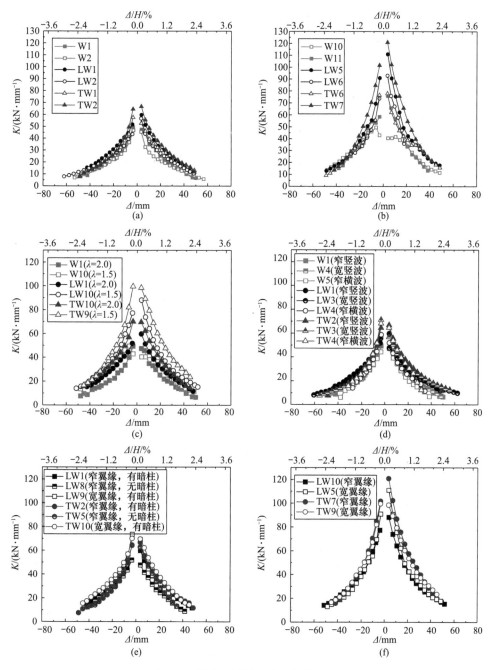

图 6-9　不同截面试件刚度退化对比

　　图 6-9（e）为约束方钢柱及翼缘宽度对各类剪跨比 2.0 试件刚度退化的影响。由图 6-9（e）可见，设置约束钢管柱可提高正向环线刚度，且减缓其退化速率，其中 L 形和 T 形试件的正向初始环线刚度分别提高了 25.27% 和 6.24%，而对负向刚度影响不明显，这与负向加载时翼缘受压有关；增大翼缘宽度，试件初始环线刚度提高，且负向刚度提升更显著，其中 L 形和 T 形试件的平均环线刚度分别提高了 27.88% 和 6.35%，而后期退化速率受影响不大。由此可知，设置约束方钢柱或增大翼缘宽度对 L 形试件的环线刚度更有利，

而 T 形试件受影响不大。

图 6-9(f) 为翼缘宽度对各类剪跨比 1.5 试件刚度退化的影响。由图 6-9(f) 可见，翼缘宽度主要影响试件的早期环线刚度，增大翼缘宽度，L 形试件平均初始环线刚度提高了 22.04%，而 T 形试件则呈现相反规律，下降了 11.07%。

6.3.4　位移延性系数对比

图 6-10 为不同截面试件的位移延性系数对比图。由图 6-10 可知，总体而言 T 形试件的位移延性系数要低于一字形和 L 形试件，原因是 T 形试件的受剪承载力更高，故变形能力弱。

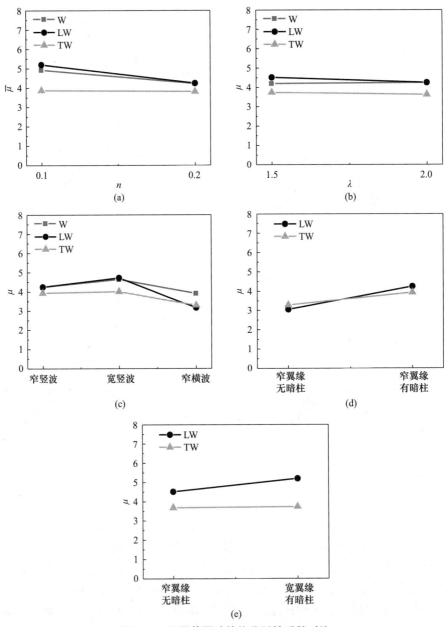

图 6-10　不同截面试件位移延性系数对比

图 6-10(a) 为轴压比变化对各类试件位移延性系数的影响，纵坐标表示 A 组同轴压比、不同剪跨比试件的位移延性系数平均值。由图 6-10(a) 可见，随轴压比增大，各类型试件的平均位移延性系数降低，其中一字形、L 形和 T 形试件分别降低了 14.40%、18.37% 和 1.54%。原因是增大轴压比使试件的附加弯矩增大，累计损伤加剧，故变形能力降低，其中 L 形试件受影响最大，其次为一字形试件，而 T 形试件的变形能力变化不大。

图 6-10(b) 为剪跨比变化对各类试件位移延性系数的影响。由图 6-10(b) 可见，剪跨比对各类试件的位移延性系数影响不大，随着剪跨比的增大，一字形试件的位移延性系数提高 0.96%，而 L 形和 T 形试件的位移延性系数则分别降低了 5.97% 和 3.21%。说明试验范围内，剪跨比变化对不同截面试件的变形能力影响均较小。

图 6-10(c) 为波纹类型对各类试件位移延性系数的影响。由图 6-10(c) 可见，相比竖向窄波纹试件，竖向宽波纹试件的变形能力更强，其中一字形、L 形和 T 形试件分别提高了 9.50%、11.06% 和 1.78%，而采用横向窄波纹试件的变形能力则呈相反变化趋势，一字形、L 形和 T 形试件分别降低了 7.84%、25.65% 和 16.50%。可知相比波纹宽度，波纹方向对试件的变形能力影响更大。

图 6-10(d) 为约束方钢管柱对各类剪跨比 2.0 试件位移延性系数的影响。由图 6-10(d) 可见，设置边缘方钢柱有利于试件变形能力提高，L 形和 T 形试件的位移延性系数分别提高了 39.34% 和 20.12%。

图 6-10(f) 为翼缘宽度对各类剪跨比 1.5 试件位移延性系数的影响。由图 6-10(f) 可见，相比窄翼缘试件，宽翼缘试件的变形能力更好，其中 L 形和 T 形试件的位移延性系数分别提高了 15.04% 和 1.36%。由此可知，通过增大翼缘宽度提升试件变形能力的措施对 L 形试件更有效，而 T 形试件则受影响不大。

6.3.5　等效黏滞阻尼系数对比

图 6-11 为各试件的等效黏滞阻尼系数对比图。由图 6-11 可知，加载位移前期（Δ≤10 mm），各试件的等效黏滞阻尼系数虽存在一定波动，但其幅值较小，此时试件处于弹性阶段，能量耗散较小；随位移加载角增大，试件的等效黏滞阻尼系数明显提升，此时试件处于弹塑性阶段；试件破坏时，等效黏滞阻尼系数达到最大值。总体上，相同条件下 T 形试件的等效黏滞阻尼系数要大于 L 形和一字形试件。

图 6-11(a) 为轴压比变化对各类剪跨比 2.0 试件等效黏滞阻尼系数的影响。由图 6-11(a) 可见，各类型试件的等效黏滞阻尼系数的变化规律一致，峰值荷载前，试件受轴压比的影响均较小，峰值荷载后，随着轴压比的增大，一字形和 L 形试件的等效黏滞阻尼系数显著增加，而 T 形试件则受影响较小，其中相比小轴压比试件，一字形、L 形和 T 形试件的最终等效黏滞阻尼系数分别提高了 14.24%、24.44% 和 6.87%，与位移延性系数的变化规律相一致。

图 6-11(b) 为轴压比变化对各类剪跨比 1.5 试件等效黏滞阻尼系数的影响，由于试件 W11 和 LW9 试验故障，故不作考虑。由图 6-11(b) 可见，小剪跨比 T 形试件的耗能能力受轴压比的影响较小，轴压比增大其等效黏滞阻尼系数仅提升 3.67%。

图 6-11(c) 为剪跨比变化对各类试件等效黏滞阻尼系数的影响。由图 6-11(c) 可见，剪跨比越大，试件的最终等效黏滞阻尼系数越大，其中相比小剪跨比试件，大剪跨比一字

形、L 形和 T 形试件的最终等效黏滞阻尼系数分别提高了 37.84%、15.56% 和 18.95%。可知一字形试件耗能能力显著提高，而 L 形和 T 形试件的提升程度差别不大，原因是一字形试件缺乏翼缘对墙体约束，增大剪跨比即减小受压面积，导致钢板屈曲现象更加明显，从而试件变形释放内部能量的能力更强。

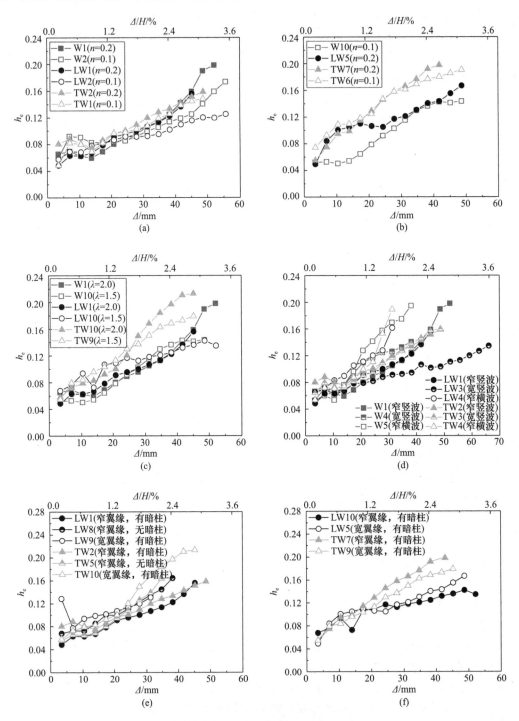

图 6-11　不同截面试件等效黏滞阻尼系数对比

图 6-11(d) 为波纹类型对各类试件等效黏滞阻尼系数的影响。由图 6-11(d) 可见,当采用横向波纹时,截面形状对试件的等效黏滞阻尼系数增长速率影响不大,其速率均快于竖向波纹试件,说明此时试件的波纹钢板鼓曲程度更为严重;相比同截面竖向窄波试件的等效黏滞阻尼系数增长速率,竖向宽波一字形试件的速率提高,竖向宽波 L 形试件的速率降低,而 T 形试件则受波纹尺寸影响不大。

图 6-11(e) 为约束方钢柱及翼缘宽度对各类剪跨比 2.0 试件等效黏滞阻尼系数的影响。由图 6-11(e) 可见,约束方钢管柱及翼缘宽度对 L 形和 T 形试件前期等效黏滞阻尼系数影响较小,而对后期影响相对较大。对于未设置方钢管柱的 L 形和 T 形试件,相同加载位移角时二者等效黏滞阻尼系数均高于设置钢管柱试件,但试件更早破坏;增大翼缘宽度,两类试件的等效黏滞阻尼系数均提高,但 L 形试件由于故障并未加载到预定位移,故最终数值要小于窄翼缘试件。

图 6-11(f) 为翼缘宽度对各类剪跨比 1.5 试件等效黏滞阻尼系数的影响。由图 6-11(f) 可见,对于小剪跨比试件,增大翼缘宽度,L 形试件等效黏滞阻尼系数提高 23.71%,而 T 形试件则呈相反变化趋势,其值下降了 10.27%。

6.3.6　累积耗能对比

低周反复荷载试验中,可采用累积耗能来反映试件的耗能能力,各试件的累积耗能随循环周数的变化曲线如图 6-12 所示。由图 6-12 可见,在位移加载初期,即循环周数不超过 15 时,各试件的累积耗能相对较小,且无明显差距,此时试件处于弹性阶段;随加载位移角增大,各试件进入弹塑性阶段,累积耗能快速提高;当试件破坏时,累积耗能达到最大值。此外,相同条件下试件的耗能能力由高到低依次为:T 形、L 形和一字形试件。

图 6-12(a) 为轴压比变化对各类剪跨比 2.0 试件累积耗能的影响。由图 6-12(a) 可见,一字形和 L 形试件受轴压比影响较大,试件破坏前,轴压比越大,试件的累积耗能越高,且随着循环周数增大而累积耗能的差距增加,而 T 形试件则受轴压比影响较小。由此说明可通过适当提高轴压比来增加大剪跨比的一字形和 L 形试件的耗能。

图 6-12(b) 为轴压比变化对各类剪跨比 1.5 试件累积耗能的影响,由于试件 W11 和 LW9 试验故障,故不作考虑。由图 6-12(b) 可见,小剪跨比 T 形试件的累积耗能受轴压比的影响较大,轴压比越大,其累积耗能越高。说明对于小剪跨比 T 形试件,可适当增大轴压比以提高其耗能能力。

图 6-12(c) 为剪跨比变化对各类试件累积耗能的影响。由图 6-12(c) 可见,对于一字形和 L 形试件,剪跨比越小,其累积耗能越高,而 T 形试件则表现为相反变化规律,随着剪跨比增大而耗能能力降低,此外,三类试件均随循环周数增加而累积耗能差距变大。

图 6-12(d) 为波纹类型对各类试件累积耗能的影响。由图 6-12(d) 可见,对于竖窄波试件,相同循环周数下,一字形试件的累积耗能要低于 L 形和 T 形试件;对于竖向宽波纹和横向窄波纹试件,相同循环周数下,T 形试件的累积耗能最大,而 L 形和一字形试件差别不大。由此表明,不同波纹类型下,T 形试件的耗能能力更优。

图 6-12(e) 为约束方钢柱及翼缘宽度对各类剪跨比 2.0 试件累积耗能的影响。由图 6-12(e) 可见,有无设置约束方钢管柱,L 形和 T 形试件的累积耗能曲线几乎重合,

而增大翼缘宽度时，试件的累积耗能快速提高，其中 L 形试件由于试验故障并未达到预定位移，故最终累积耗能较小。说明对于大剪跨比 L 形和 T 形试件而言，增大翼缘宽度是提高试件耗能能力的有效措施。

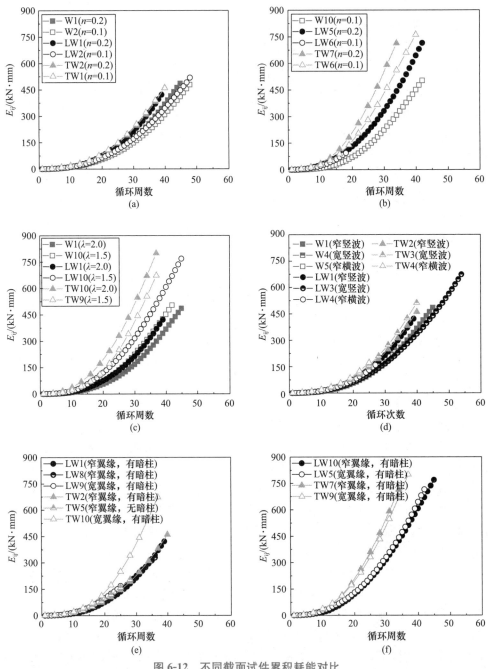

图 6-12   不同截面试件累积耗能对比

图 6-12(f) 为翼缘宽度对各类剪跨比 1.5 试件累积耗能的影响。由图 6-12(f) 可见，T 形试件的累积耗能高于 L 形试件，但对两类小剪跨比试件而言，加大翼缘宽度并不能明显提升试件耗能能力。

6.4 本章小结

（1）双波纹钢板剪力墙试件的破坏模式主要分为压屈破坏、压弯破坏和约束失效破坏。不同截面试件的压屈破坏区别在于 L 形和 T 形试件破坏表现为边缘方钢管柱脚处受压屈服并形成鼓曲环，而一字形试件鼓曲环开裂并伴随有钢板严重鼓曲现象；不同截面试件的压弯破坏均表现为边缘方钢管柱脚受压鼓曲，且出现横纵连贯的裂缝层；约束失效破坏发生在一字形和 L 形试件，破坏形态表现为墙身波纹钢板均整体向外鼓胀且屈曲，区别在于 L 形试件墙角处开裂。此外，小剪跨比的 L 形和 T 形试件其破坏程度要轻于大剪跨比试件，而一字形试件则呈相反规律。

（2）L 形和 T 形试件由于翼缘存在而有滞回曲线不对称现象；随轴压比增大，滞回曲线的初始刚度和峰值荷载提高最明显的是 T 形试件；随剪跨比减小，滞回曲线更为饱满，初始刚度和峰值荷载增大，影响程度由大到小依次为 T 形、L 形和一字形试件；竖向布置波纹或增大竖向波纹宽度，对 L 形和 T 形试件的抗震性能提升效果要显著于一字形试件；设置边缘约束方钢管柱可提高 L 形和 T 形试件的正向承载力，并减缓峰值后的损伤速度，而增大翼缘宽度则影响不大。

（3）受剪承载力由高到低依次为 T 形、L 形和一字形试件。适当增大轴压比是提高 L 形和 T 形试件承载力的有效措施，但不利于一字形试件；剪跨比增大，不同截面试件的承载力衰减程度相近；相比竖向窄波纹试件，竖向宽波纹对不同截面试件的承载力影响较小，而横向窄波纹则使试件承载力降低，其中 T 形试件较稳定，仅下降了 9.01%；设置约束方钢管柱可提高 L 形和 T 形试件的承载力，提高幅度分别为 15.59% 和 6.46%；翼缘宽度对小剪跨比 L 形和 T 形试件的受剪承载力影响较小。

（4）刚度由大到小依次为 T 形、L 形和一字形试件。轴压比增大或将剪跨比减小，试件刚度提高，其中 L 形和 T 形试件提升更显著；相比竖向窄波纹试件，竖向宽波纹试件的刚度退化速率均减缓，而横向窄波纹试件的刚度退化速率则加快；设置约束方钢管柱或增大翼缘宽度是提高 L 形试件刚度的有效措施，而对 T 形试件影响较小。

（5）T 形试件的位移延性系数要低于一字形和 L 形试件。轴压比增大，试件的位移延性系数均降低，L 形试件下降幅度最大，而 T 形试件受影响较小；剪跨比变化对不同截面试件的位移延性系数影响均较小，变化幅度小于 5.97%；相比竖向窄波纹试件，竖向宽波纹试件的位移延性系数更大，而横向窄波纹试件的变形能力减弱，其中 L 形试件受影响程度最大，提高和降低幅度分别为 11.06% 和 −25.65%；设置方钢管柱或增大翼缘宽度均可提高试件的位移延性系数，其中 L 形试件提高幅度大于 T 形试件。

（6）相同条件下 T 形试件的等效黏滞阻尼系数要高于一字形和 L 形试件。轴压比主要增大试件峰值荷载后的等效黏滞阻尼系数，其中 L 形试件提高幅度最大，而 T 形试件受影响较小；增大剪跨比，一字形试件由于缺乏翼缘约束而鼓曲现象更严重，其最终等效黏滞阻尼系数提升幅度要大于 L 形和 T 形试件；相比竖向窄波纹试件，竖向宽波纹试件的等效黏滞阻尼系数增长速率减缓，而横向窄波纹试件的增长速率加快；设置方钢管柱可提高 L 形和 T 形试件的等效黏滞阻尼系数，增大翼缘宽度可提高 L 形和大剪跨比 T 形试件的等效黏滞阻尼系数，而小剪跨比 T 形试件则呈相反规律。

（7）相同条件下 T 形试件的累计耗能要高于一字形和 L 形试件。轴压比增大，大剪跨比一字形、L 形试件和小剪跨比 T 形试件的累积耗能越高，而大剪跨比 T 形试件受影响较小；剪跨比越大，一字形和 L 形试件累积耗能越高，而 T 形试件呈相反规律；不同波纹类型下，T 形试件的耗能能力更优；对于大剪跨比试件，增大翼缘宽度是提高 L 形和 T 形试件耗能能力的有效措施，而有无设置约束方钢管柱影响不明显；对于小剪跨比试件，增大翼缘宽度对 L 形和 T 形试件耗能能力提升效果不大。

第7章

波纹双钢板剪力墙受力性能数值模拟及参数分析

7.1 概述

　　ABAQUS 是一款工程模拟软件,主要以有限元分析方法为核心基础,其功能、算力强大,经常用于解决计算量庞大的实际工程问题,适用于简单的线性问题乃至复杂的非线性问题。采用 ABAQUS 进行数值分析基本分为以下三个步骤:首先依据现场提供的工程情况进行模型的建立,做好相应的材料属性和截面参数的定义,并设置好对应的边界条件继而对网格进行按要求的划分;接下来开始数值模型进行分析和计算;最后,模型分析完成之后,使用 ABAQUS/CAE 中的 Visualization 模块对模型进行后处理,主要用它来读入分析结果数据,并且还可以将分析结果以多种方式显示出来,例如用户可以通过软件获得彩色云纹图、变形图、X-Y 曲线图等等;通过对这些分析结果的分析,能够更高效地对结构设计合理性进行量化评估,并进行优化和改进。

　　总之,对于许多的线性及非线性的问题,可采用 ABAQUS/Standard 来解决。本章节首先对 ABAQUS 中常用的分析步骤和材料的单元类型进行讲解,随后介绍了有限元软件的建模步骤,最后基于试验结果,分别对 L 形、T 形、I 形截面钢板剪力墙中抗震性能最优的试件进行拓展参数分析,获取其在单调水平荷载下的荷载-位移关系曲线。经过与试验结果的比较,研究首先验证了数值模拟技术的可行性之后,以这三种截面形式的波纹钢板剪力墙为基础,设立了以轴压比、墙肢高厚比和含钢率为变化参数的数值分析模型。本章利用 ABAQUS/Standard 通用分析模块进行非线性数值分析。

7.2 有限元模型建立

　　经过前文的试验研究及对比分析,分别选取了 3 个抗震性能相对较好的 L 形、T 形、I 形截面钢板波纹剪力墙(即每种截面各一个),并以此为试验模型,使用 ABAQUS 有限元分析软件进行建模计算并验证该计算模型的适用性,而后基于有限元模型进行了参数分析。

7.2.1 材料本构关系

（1）混凝土

　　ABAQUS 有限元分析软件中具有三种关于描述混凝土材料性能的力学模型:脆性开裂模型、弥散开裂模型和混凝土塑性损伤模型（CDP）。其中混凝土塑性损伤模型具有准确地描述混凝土整个受力过程的能力，故本章选用 CDP 模型。由于本书采用的是 2020 版 ABAQUS 中的混凝土塑性损伤模型（CDP），其已经考虑了约束材料对混凝土强度的提高作用，因此本构关系取用《混凝土结构设计规范》GB 50010—2010（2015 年版）中所提出的单轴受压应力-应变关系曲线。其中混凝土单轴压缩应力-应变本构关系如图 7-1 所示。

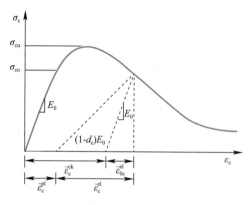

图 7-1　混凝土 CDP 模型本构关系图

第一阶段是线弹性阶段，材料没有发生损伤，当压应力超过弹性极限 σ_0 进入硬化阶段后，会出现强化和软化过程，此时材料将会逐渐产生损伤，材料刚度下降，因此，卸载刚度远低于初始刚度。假设受压损伤因子为 d_c，则卸载刚度为 $(1-d_c)E_0$。弹性应变 ε_{0c}^{et} 和 ε_t^{et} 是变形可恢复的部分，无损材料的弹性应变 ε_{0c}^{et} 会沿着初始刚度卸载，有损材料的弹性应变 ε_t^{et} 会沿着损伤刚度卸载。其中 $\varepsilon_c^{\sim pt}$ 和 $\varepsilon_c^{\sim ck}$ 分别为塑性应变和非弹性应变。CDP 模型的压缩应力-应变曲线数据是以 $\sigma_c - \varepsilon_c^{\sim ck}$ 的形式在 ABAQUS 中输入的，非弹性应变是总应变减去材料无损伤的弹性应变，即 $\varepsilon_c^{\sim ck} = \varepsilon - \varepsilon_{0c}^{et}$，其中 $\varepsilon_{0c}^{et} = \dfrac{\sigma_c}{E_0}$。

1）混凝土塑性

受压应力-应变模型 CDP 中的屈服面函数为：

$$F = \frac{1}{1-\alpha}\left[\sqrt{J_2} + \alpha I_1 + \beta\langle\sigma_{max}\rangle - \gamma\langle-\sigma_{max}\rangle\right] - \sigma_{co} \tag{7-1}$$

式中：I_1、J_2 分别为应力张量第一不变量和偏应力张量第二不变量，其余各参数的计算式为

$$\alpha = \frac{\sigma_{b0}/\sigma_{c0} - 1}{2\sigma_{b0}/\sigma_{c0} - 1}, \ \beta = \frac{\sigma_{c0}}{\sigma_{t0}}(1-\alpha) + (1+\alpha), \ \gamma = \frac{3(1-K_c)}{2K_c - 1} \tag{7-2}$$

式中：σ_{b0} 为混凝土双轴抗压强度；σ_{c0} 为混凝土单轴抗压强度；σ_{t0} 为混凝土单轴抗拉强度；K_c 为控制混凝土屈服面在偏平面上的投影形状的参数，若 $K_c = 1.0$，则混凝土屈服面在偏平面上的投影为圆形，类似于经典弹塑性理论中的 Drucker-Prager 准则；若 $K_c = 0.5$，则混凝土屈服面在偏平面上的投影为三角形，类似于经典弹塑性理论中的 Rankine 准则。本书取 $K_c = 0.67$。

CDP 的流动法则采用非关联流动法则，则塑性势函数为：

$$G = \sqrt{(\lambda\sigma_{t0}\tan\varphi)^2 + 1.5\rho^2} + \sqrt{3}\xi\tan\varphi \tag{7-3}$$

式中：$\rho = (2J_2)^{0.5}$；φ 为混凝土屈服面在强化过程中的膨胀角，根据相关研究成果，混凝土的膨胀角的取值为 $37° \sim 42°$；λ 为混凝土塑性势函数的偏心距，可取为 0.1。

2）混凝土损伤

混凝土在单轴受压下超出弹性范围的部分被称为受压损伤，受压应力数据可以表示成非弹性应变的函数，超出弹性部分的受压应力-应变数据在 ABAQUS 中以 σ-c 的形式的非负值输入。

（2）钢材

钢筋单元使用三维梁单元（B31），本构关系选用双折线理想塑性模型，如图 7-2 所示，即屈服前是理想弹性，屈服后到极限强度前的硬化刚度为钢材弹性模量的 0.01。其中 f_y 和 ε_y 分别为屈服应力和屈服应变；f_u 和 ε_u 分别为极限应力和极限应变；E_0 为弹性模量，本书取 200GPa；E_s 为硬化刚度，$E_s = 0.01E_0$。

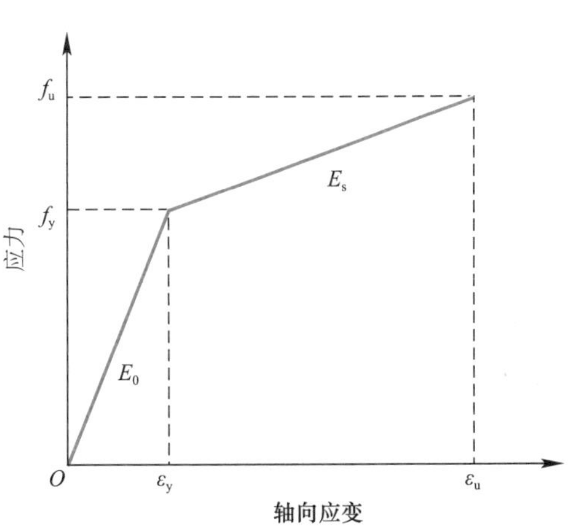

7.2.2　单元类型与网格划分

混凝土单元与钢材单元均采用精度较高

图 7-2　钢筋本构关系示意图

的八节点六面体缩减积分单元（C3D8R），合适的网格尺寸不仅可以提高收敛概率，还能提高计算效率，节约计算成本。经验算，单元尺寸为 25 mm 时能达到较好的计算精度和计算效率，如图 7-3 所示。

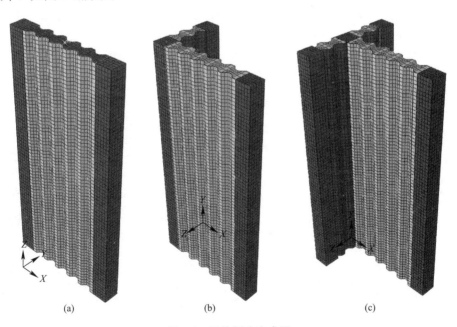

（a）　　　　　　　　　　（b）　　　　　　　　　　（c）

图 7-3　网格划分完成图

7.2.3　相互作用

钢板与混凝土在加载过程中会发生接触分离的现象，因此钢板与混凝土之间采用"surface to surface"的接触方式，法向采用"硬接触"，切向考虑"罚"函数摩擦方式，其摩擦系数采用 0.25～0.80，本书经验算采用 0.5。

此外，为方便施加荷载和边界条件，在剪力墙上下部分别设置参考点，再将参考点与顶面和底面分别"耦合"在一起。

7.2.4 分析步

由于混凝土是一种非线性材料，因此在分析过程中要考虑其非线性行为，包括材料非线性和几何非线性，因此在数值计算中经常需要考虑对非线性方程的求解。

对于结构低周反复荷载作用的模型，往往采用两步加载的方式施加荷载，即建立两个分析步"step-1"和"step-2"，其中"step-1"施加试验计算好的轴向压力，"step-2"施加往复的水平位移。同时，由于考虑了混凝土的塑性损伤，因此在分析步输出时勾选"受拉损伤"和"受压损伤"。

7.2.5 荷载及边界条件

为了使数值模型和试验模型的边界条件保持一致，初始约束了剪力墙底部与底部三个方向的平动与转动（U1＝U2＝U3＝UR1＝UR2＝UR3），在 step-1 与 step-2 时释放了轴向自由度与水平自由度，在试件顶部施加了轴向荷载和水平荷载（图 7-4）。在实际建模时，在柱底放置了一个方向的转动位移，用这样的方式来实现单向铰支撑，该单向铰的转动方向通过控制空间节点加载角度的变换实现；对于梁反弯点的边界条件，采用释放一个方向的线位移和转动位移实现。根据工程实际加载情况，ABAQUS 的计算分两步进行：第一步是在墙顶施加轴向力，第二步是在墙顶施加水平荷载（以位移边界条件的形式施加荷载）。上述各边界条件和荷载施加点全部为通过前文建立的参考点施加。

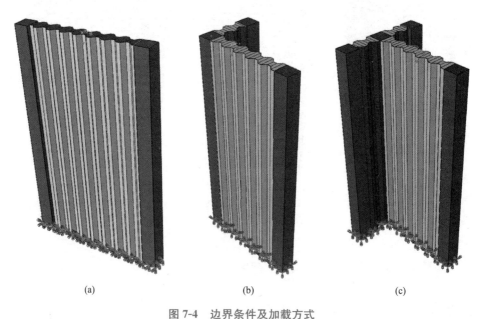

(a)   (b)   (c)

图 7-4 边界条件及加载方式

7.2.6 非线性方程的求解

波纹钢板剪力墙的非线性行为包括材料非线性和几何非线性，因此在数值计算中需考虑求解非线性方程。常用的非线性方程求解法主要包括迭代法、增量法和增量迭代法，其中增量迭代法兼具迭代法和增量法的优点，所以文中采用增量迭代法。此外，ABAQUS

采用自动增量法进行求解；在迭代计算时，考虑到牛顿法相比于修正牛顿法和拟牛顿法在 ABAQUS 中具有迭代量大、收敛性好、计算速度快等综合优势，因此书中采用牛顿法进行迭代计算。

7.3 模型分析与验证

图 7-5 为 W12、LW2、TW2 的数值模拟的骨架曲线、滞回曲线、破坏形态与试验结果的对比。由图 7-5 可知，数值模拟曲线和试验曲线较为吻合，但数值模拟曲线的初始刚度要大于试验结果。产生该现象的原因可以归结为：（1）数值模拟结果是在单调荷载作用下获取的，有别于试验中处于低周反复荷载作用的试件，二者存在累积疲劳损伤差异；（2）数值模拟中忽略了钢与混凝土之间的粘结滑移作用、内置栓钉的抗剪作用，而试验过程中不可避免，从而造成实测刚度的下降速率要快于数值模拟；（3）数值模拟中忽略了支座、外部约束和加载设备的形变，而实际试验中不可避免，因此试验位移要大于数值模拟位移，表现为荷载-位移曲线的刚度下降。综上可知，本书提出的数值模拟计算方法可较为准确地模拟各截面波纹钢板剪力墙的抗震性能。

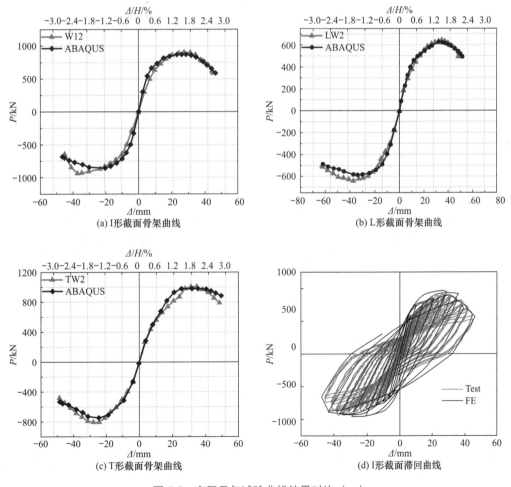

(a) I形截面骨架曲线

(b) L形截面骨架曲线

(c) T形截面骨架曲线

(d) I形截面滞回曲线

图 7-5 有限元与试验曲线结果对比（一）

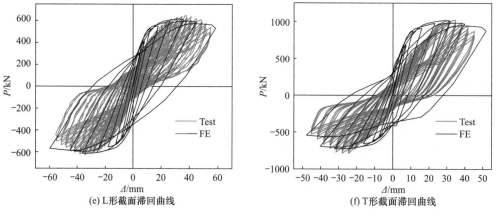

(e) L形截面滞回曲线   (f) T形截面滞回曲线

图 7-5　有限元与试验曲线结果对比（二）

基于所验证的有限元模型，对 T 形截面的波纹钢板剪力墙进行内部损伤分析。在 ABAQUS 中提供了拉伸损伤（DAMAGET）和压缩损伤（DAMAGEC）来评估混凝土的损伤。损伤参数不仅能影响荷载-位移曲线的变化趋势，而且能反映混凝土的开裂情况。如图 7-6 所示，在加载过程中钢板波谷处的混凝土较薄，因此最早出现了损伤，因试验中无法透过钢板观察，有限元模拟出了内部混凝土的开裂损伤。由此可见，在后续的研究及优化过程中，要注重该薄弱部位的加强。

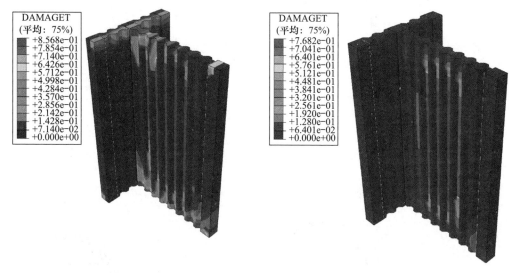

图 7-6　内部混凝土损伤形态

7.4　拓展参数分析

考虑到实际工程中结构存在的诸多影响因素，如何明确影响结构抗震性能的关键参数，从而开展有针对性的设计计算，所以新型结构及其体系研究的核心是确定主要变化参数。就波纹钢板剪力墙结构而言，通过总结前面所提的主要试验结果，确立了以轴压比、墙肢高厚比、含钢率（包括钢板配钢率和钢管配钢率）为变化参数的波纹钢板剪力墙数值模型。对于各种参数下的模型建立，仅基于试验模型改变该参数的变化，而保持其余参数均不变。拓展试件详细参数如表 7-1～表 7-3 所示。

L 形截面拓展试件详细参数　　　　　　　　　　　表 7-1

试件编号	轴压比	钢板厚度/mm	钢管厚度/mm	墙厚/mm	备注
LW2-1	0.3	3	3	120	轴压比变化
LW2-2	0.4	3	3	120	
LW2-3	0.5	3	3	120	
LW2-4	0.6	3	3	120	
LW2-5	0.2	4	3	120	钢板厚度变化
LW2-6	0.2	5	3	120	
LW2-7	0.2	6	3	120	
LW2-8	0.2	7	3	120	
LW2-9	0.2	3	4	120	钢管厚度变化
LW2-10	0.2	3	5	120	
LW2-11	0.2	3	6	120	
LW2-12	0.2	3	7	120	
LW2-13	0.2	3	3	240 ($\lambda=7.25$)	墙肢高厚比变化
LW2-14	0.2	3	3	360 ($\lambda=4.83$)	
LW2-15	0.2	3	3	480 ($\lambda=3.62$)	

T 形截面拓展试件详细参数　　　　　　　　　　　表 7-2

试件编号	轴压比	钢板厚度/mm	钢管厚度/mm	墙厚/mm	备注
TW2-1	0.3	3	3	120	轴压比变化
TW2-2	0.4	3	3	120	
TW2-3	0.5	3	3	120	
TW2-4	0.6	3	3	120	
TW2-5	0.2	4	3	120	钢板厚度变化
TW2-6	0.2	5	3	120	
TW2-7	0.2	6	3	120	
TW2-8	0.2	7	3	120	
TW2-9	0.2	3	4	120	钢管厚度变化
TW2-10	0.2	3	5	120	
TW2-11	0.2	3	6	120	
TW2-12	0.2	3	7	120	
TW2-13	0.2	3	3	240 ($\lambda=7.25$)	墙肢高厚比变化
TW2-14	0.2	3	3	360 ($\lambda=4.83$)	
TW2-15	0.2	3	3	480 ($\lambda=3.62$)	

I 形截面拓展试件详细参数　　　　　　　　　　　表 7-3

试件编号	轴压比	钢板厚度/mm	钢管厚度/mm	墙厚/mm	备注
W12-1	0.3	3	3	120	轴压比变化
W12-2	0.5	3	3	120	
W12-3	0.6	3	3	120	

续表

试件编号	轴压比	钢板厚度/mm	钢管厚度/mm	墙厚/mm	备注
W12-4	0.4	4	3	120	钢板厚度变化
W12-5	0.4	5	3	120	
W12-6	0.4	6	3	120	
W12-7	0.4	7	3	120	
W12-8	0.4	3	4	120	钢管厚度变化
W12-9	0.4	3	5	120	
W12-10	0.4	3	6	120	
W12-11	0.4	3	7	120	
W12-12	0.4	3	3	240 (λ=7.25)	墙肢高厚比变化
W12-13	0.4	3	3	360 (λ=4.83)	
W12-14	0.4	3	3	480 (λ=3.62)	

7.4.1　轴压比

　　轴压比 n 是控制结构延性性能的重要指标，此处，为研究轴压比对 L 形、T 形、I 形波纹钢板剪力墙抗震性能的影响，基于已验证模型分别选取不同轴压比对三类截面形式的波纹钢板剪力墙进行研究。建模时保证模型的尺寸和材料力学性能与试验试件 W12、TW2、LW2 保持一致，在此基础上进行拓展参数分析。图 7-7 为轴压比影响下 L 形、T 形、I 形波纹钢板剪力墙的荷载-位移骨架曲线，表 7-4～表 7-7 所示为 L 形、T 形、I 形波纹钢板剪力墙在不同轴压比影响下力学性能指标的变化。可知，随着轴压比的增大，L 形、T 形波纹钢板剪力墙的抗剪承载能力、变形延性均随之减小，其最优轴压比为 $n=0.2$，而 I 形波纹钢板剪力墙的抗剪承载能力、变形延性先增大后减小，最优轴压比 $n=0.4$。其中 L 形和 I 形截面的平均延性系数在 3 以上，表现出更好的抗震性能，I 形截面延性最好。

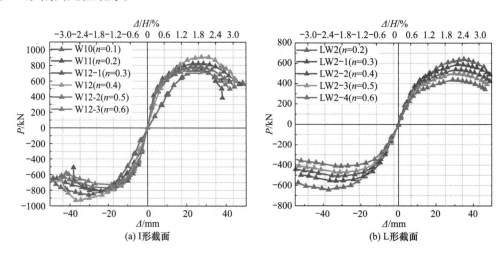

图 7-7　轴压比的影响（一）

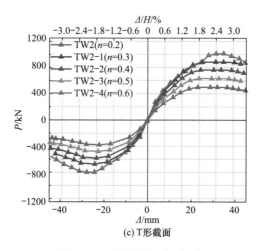

(c) T形截面

图 7-7　轴压比的影响（二）

轴压比对 I 形截面波纹钢板剪力墙力学性能指标的影响　表 7-4

轴压比 n	P_u/kN			K/(kN·mm^{-1})			μ		
	正向	负向	均值	正向	负向	均值	正向	负向	均值
0.3	826	813	819	118.75	104.18	111.47	3.88	3.56	3.72
0.5	782	770	776	118.43	103.89	111.16	3.75	3.51	3.63
0.6	739	727	733	118.06	103.57	110.82	3.68	3.44	3.56

轴压比对 L 形截面波纹钢板剪力墙力学性能指标的影响　表 7-5

轴压比 n	P_u/kN			K/(kN·mm^{-1})			μ		
	正向	负向	均值	正向	负向	均值	正向	负向	均值
0.3	591	556	574	32.51	33.92	33.22	3.38	3.19	3.29
0.4	539	507	523	30.58	31.91	31.25	3.44	3.23	3.34
0.5	499	470	485	29.25	30.53	29.89	3.47	3.36	3.42
0.6	437	411	424	26.17	27.30	26.74	3.55	3.42	3.49

轴压比对 T 形截面波纹钢板剪力墙力学性能指标的影响　表 7-6

轴压比 n	P_u/kN			K/(kN·mm^{-1})			μ		
	正向	负向	均值	正向	负向	均值	正向	负向	均值
0.3	885	674	780	67.29	62.72	65.01	2.38	2.19	2.29
0.4	765	583	674	60.00	55.92	57.96	2.44	2.23	2.34
0.5	633	482	558	51.24	47.76	49.50	2.47	2.36	2.42
0.6	499	380	440	41.34	38.53	39.94	2.49	2.42	2.46

7.4.2　墙肢高厚比

图 7-8 为墙肢高厚比对三种截面波纹钢板剪力墙水平荷载-位移曲线的影响，表 7-7～表 7-9 所示为墙肢高厚比对三种截面波纹钢板剪力墙力学性能指标的影响。可见，随着墙肢高厚比的提高，波纹钢板剪力墙的受剪承载力和弹性阶段的刚度均大幅度减小，而变形延性增大。

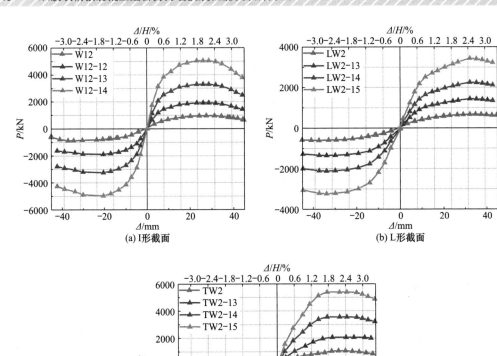

(a) I形截面   (b) L形截面

(c) T形截面

图 7-8   高厚比影响

高厚比对 I 形截面波纹钢板剪力墙力学性能指标的影响   表 7-7

高厚比 λ	P_u/kN			K/(kN·mm^{-1})			μ		
	正向	负向	均值	正向	负向	均值	正向	负向	均值
3.62	5045	4964	5005	725.03	601.18	663.11	3.68	3.26	3.47
4.83	3305	3252	3279	475.02	393.87	434.45	3.71	3.33	3.52
7.25	1913	1882	1898	275.01	228.03	251.52	3.86	3.44	3.65

高厚比对 L 形截面波纹钢板剪力墙力学性能指标的影响   表 7-8

高厚比 λ	P_u/kN			K/(kN·mm^{-1})			μ		
	正向	负向	均值	正向	负向	均值	正向	负向	均值
3.62	3232	3435	3232	279.17	240.10	259.64	2.51	3.24	2.88
4.83	2115	2248	2115	182.73	157.16	169.95	2.66	3.32	2.99
7.25	1351	1436	1351	116.74	100.41	108.58	2.71	3.55	3.13

高厚比对 T 形截面波纹钢板剪力墙力学性能指标的影响　　　　表 7-9

高厚比 λ	P_u/kN			$K/(\text{kN} \cdot \text{mm}^{-1})$			μ		
	正向	负向	均值	正向	负向	均值	正向	负向	均值
3.62	4105	5388	4747	401.20	373.93	387.57	2.33	2.12	2.23
4.83	2709	3556	3133	264.79	246.79	255.79	2.45	2.36	2.41
7.25	1567	2057	1812	139.26	129.79	134.53	2.68	2.49	2.59

7.4.3　剪跨比

图 7-9 为钢管厚度对三种截面波纹钢板剪力墙水平荷载-位移曲线的影响。由图 7-9 可见，不同剪跨比的三种截面波纹钢板剪力墙的骨架曲线趋势相近，随着剪跨比的减小，波纹钢板剪力墙的受剪承载力和弹性阶段的刚度均增大。表 7-10～表 7-12 比较了不同截面波纹钢板剪力墙在不同剪跨比影响下力学性能指标的变化情况。可知，三种截面波纹钢板剪力墙的峰值承载力、初始刚度、延性系数随着剪跨比的减小而增加。其中 I 形截面有着最好的延性，L 形和 I 形截面延性系数均在 3 以上，满足规范要求。

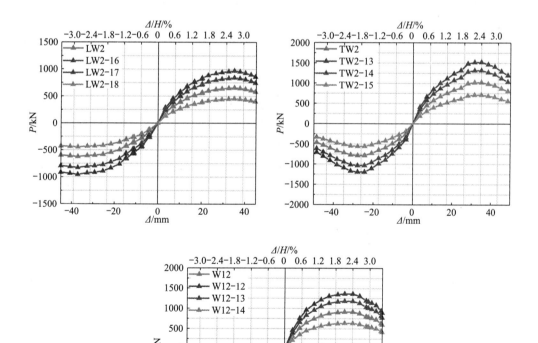

图 7-9　剪跨比影响

剪跨比对 I 形截面波纹钢板剪力墙力学性能指标的影响　　　表 7-10

钢管厚度 t/mm	P_u/kN			K/(kN·mm^{-1})			μ		
	正向	负向	均值	正向	负向	均值	正向	负向	均值
1.37	1363	1392	1377	100.51	102.01	101.26	3.21	3.30	3.25
1.72	1181	1206	1193	97.62	96.41	97.015	3.14	3.15	3.14
2.29	636	649	642	80.82	79.40	80.11	3.08	3.11	3.09

剪跨比对 L 形截面波纹钢板剪力墙力学性能指标的影响　　　表 7-11

剪跨比	P_u/kN			K/(kN·mm^{-1})			μ		
	正向	负向	均值	正向	负向	均值	正向	负向	均值
1.37	970	955	962	79.80	76.60	78.20	2.61	3.44	3.02
1.72	841	828	834	60.40	57.10	58.75	2.65	3.47	3.06
2.29	453	460	456	33.20	30.80	32.00	2.69	3.51	3.10

剪跨比对 T 形截面波纹钢板剪力墙力学性能指标的影响　　　表 7-12

剪跨比	P_u/kN			K/(kN·mm^{-1})			μ		
	正向	负向	均值	正向	负向	均值	正向	负向	均值
1.37	1522	1194	1358	90.50	85.60	88.05	2.55	2.34	2.45
1.72	1319	795	1057	81.20	78.40	79.80	2.59	2.38	2.49
2.29	710	556	633	71.8	72.1	71.95	2.63	2.44	2.54

7.4.4　钢板厚度

图 7-10 为钢板厚度对三种截面波纹钢板剪力墙水平荷载-位移曲线的影响。由图 7-10 可见，随着钢板厚度的提高，波纹钢板剪力墙的受剪承载力和弹性阶段的刚度均增大。表 7-13～表 7-15 比较了不同截面波纹钢板剪力墙在钢板厚度影响下力学性能指标的变化情况。可知，三种截面波纹钢板剪力墙的峰值承载力、初始刚度、延性系数随着钢板厚度的增加而增加，这是由于钢材材料本身延性和刚度较好，其含钢量的增加后，试件整体性能得到了增强。但明显可以看出增加钢板厚度对延性的提升并不明显，其中 L 形和 I 形截面的平均延性系数在 3 以上，表现出更好的抗震性能，I 形截面延性最好。

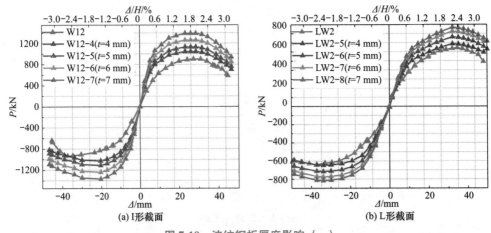

图 7-10　波纹钢板厚度影响（一）

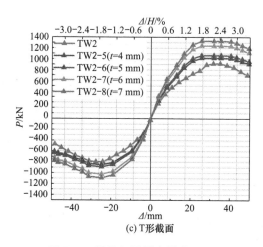

(c) T形截面

图 7-10　波纹钢板厚度影响（二）

钢板厚度对 I 形截面波纹钢板剪力墙力学性能指标的影响　　表 7-13

钢板厚度 t/mm	P_u/kN			K/(kN·mm^{-1})			μ		
	正向	负向	均值	正向	负向	均值	正向	负向	均值
4	1043	1027	1035	150.01	131.59	140.80	3.45	3.79	3.62
5	1130	1112	1121	162.51	142.56	152.54	3.49	3.83	3.66
6	1261	1241	1251	181.26	159.01	170.14	3.54	3.86	3.70
7	1391	1369	1380	200.01	175.46	187.74	3.56	3.88	3.72

钢板厚度对 L 形截面波纹钢板剪力墙力学性能指标的影响　　表 7-14

钢板厚度 t/mm	P_u/kN			K/(kN·mm^{-1})			μ		
	正向	负向	均值	正向	负向	均值	正向	负向	均值
4	687	647	667	49.39	48.02	48.71	2.61	3.45	3.03
5	762	717	740	54.78	53.26	54.02	2.65	3.49	3.07
6	825	776	801	59.27	57.62	58.45	2.68	3.52	3.10
7	868	817	843	62.41	60.68	61.55	2.71	3.55	3.13

钢板厚度对 T 形截面波纹钢板剪力墙力学性能指标的影响　　表 7-15

钢板厚度 t/mm	P_u/kN			K/(kN·mm^{-1})			μ		
	正向	负向	均值	正向	负向	均值	正向	负向	均值
4	1117	851	984	70.56	62.74	66.65	2.35	2.33	2.34
5	1166	888	1027	73.66	65.49	69.58	2.39	2.41	2.40
6	1342	1023	1183	84.80	75.40	80.10	2.46	2.44	2.45
7	1430	1090	1260	90.37	80.35	85.36	2.49	2.47	2.48

7.4.5　钢管厚度

图 7-11 为钢管厚度对三种截面波纹钢板剪力墙水平荷载-位移曲线的影响。由图 7-11 可见，不同钢管厚度的三种截面波纹钢板剪力墙的骨架曲线趋势相近，随着钢板厚度的增

加，波纹钢板剪力墙的受剪承载力和弹性阶段的刚度均增大。表 7-16～表 7-18 分别表示钢管壁厚对 I 形、L 形和 I 形截面波纹钢板剪力墙力学性能指标的影响。可见，三种截面波纹钢板剪力墙的峰值承载力、初始刚度、延性系数随着钢管厚度的增加而增加，但相较于钢板厚度的增加，其峰值承载力提升并不明显，这是由于钢管厚度的增加对整体配钢率的提升并不明显，但由于钢材材料本身延性和刚度较好，其含钢量的增加后，试件整体性能得到了增强。其中 I 形截面有着最好的延性，L 形和 I 形截面延性系数均在 3 以上，满足规范要求。

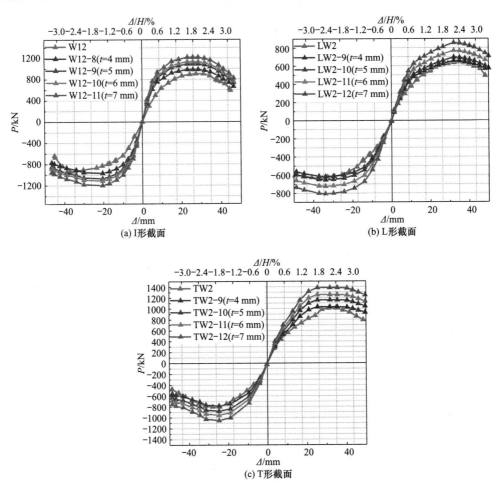

图 7-11　钢管厚度影响

钢管厚度对 I 形截面波纹钢板剪力墙力学性能指标的影响　　　　　　　　　表 7-16

钢管厚度 t/mm	P_u/kN			K/(kN·mm^{-1})			μ		
	正向	负向	均值	正向	负向	均值	正向	负向	均值
4	982	967	975	141.25	123.92	132.59	3.71	3.80	3.76
5	1087	1069	1078	156.26	137.08	146.67	3.74	3.81	3.78
6	1130	1112	1121	162.51	142.56	152.54	3.75	3.85	3.80
7	1217	1198	1208	175.01	153.53	164.27	3.76	3.88	3.82

钢管厚度对 L 形截面波纹钢板剪力墙力学性能指标的影响　　表 7-17

钢管厚度 t/mm	P_u/kN			K/(kN·mm^{-1})			μ		
	正向	负向	均值	正向	负向	均值	正向	负向	均值
4	655	617	636	53.30	43.33	48.32	2.61	3.44	3.03
5	693	652	673	56.34	45.81	51.08	2.65	3.47	3.06
6	768	722	745	62.43	50.76	56.60	2.69	3.51	3.10
7	855	805	830	69.54	56.54	63.04	2.71	3.55	3.13

钢管厚度对 T 形截面波纹钢板剪力墙力学性能指标的影响　　表 7-18

钢管厚度 t/mm	P_u/kN			K/(kN·mm^{-1})			μ		
	正向	负向	均值	正向	负向	均值	正向	负向	均值
4	1028	783	906	76.59	71.39	73.99	2.55	2.34	2.45
5	1156	880	1018	86.07	80.22	83.15	2.59	2.38	2.49
6	1254	955	1105	93.37	87.02	90.20	2.63	2.44	2.54
7	1381	1052	1217	102.85	95.86	99.36	2.68	2.49	2.59

7.5　本章小结

　　基于 ABAQUS 有限元分析软件，采用钢材弹塑性本构和混凝土塑性损伤模型建立了不同截面波纹钢板剪力墙的数值模型，并验证了数值模拟的可行性。在此基础上，扩展了相应的分析参数，如轴压比、墙肢高厚比、剪跨比及截面含钢率（包括钢管和钢板含钢率），建立了此类新型截面形式波纹钢板剪力墙的受力性能指标的计算数据库，并得到了各变化参数对受剪承载力、刚度和延性的影响规律。

第**8**章

双波纹钢板混凝土组合剪力墙压弯
承载力计算及设计建议

8.1 概述

  本书根据 35 个在低周反复荷载不断作用下的钢板混凝土组合剪力墙的试验结果，分析了波纹类型、墙体连接构件、设置约束方钢管柱、翼缘宽度、轴压比、剪跨比等设计参数对钢板剪力墙抗震性能指标的影响规律。研究结果表明，本书提出的新型双波纹钢板混凝土组合剪力墙在低周反复荷载不断作用下具有良好的力学性能。本章在试验和有限元分析结果的基础上，讨论双波纹钢板混凝土组合剪力墙的受力机理，并基于我国现行的相关技术规程，参照现有的相关研究成果，建立一字形、L 形和 T 形双波纹钢板混凝土组合剪力墙的承载力计算方法。同时采用试验数据对比验证本章提出的压弯承载力计算公式。最后，结合本书的研究成果、相关学者研究结论以及实际工程经验，提出双波纹钢板混凝土组合剪力墙的设计建议，为该新型双波纹钢板混凝土组合剪力墙在实际工程中的应用设计提供参考。

8.2 双波纹钢板混凝土组合剪力墙的压弯承载力计算

8.2.1 计算假定

  由 3.3 节、4.3 节和 5.3 节对双波纹钢板混凝土组合剪力墙受力机理分析可知，在弯曲破坏下，双波纹钢板混凝土组合剪力墙的正截面承载力主要由钢板和混凝土承担：受压区由边缘约束方钢管混凝土柱、波纹钢板以及核心混凝土协同工作，一起承担压应力；受拉区由边缘约束方钢管柱和波纹钢板承受拉应力。由此可知，在轴向压力和水平力的共同作用下，双波纹钢板混凝土组合剪力墙发生弯曲破坏时，其受力机理类似偏心受压构件，故可按偏心受压构件的正截面计算理论对双波纹钢板混凝土组合剪力墙的承载能力进行分析。同时，由应变分析可知，一字形、T 形和 L 形双波纹钢板混凝土组合剪力墙试件在位移角达到 2.0% 时，墙体截面的应变呈线性分布，即符合平截面假定，故双波纹钢板混凝土组合剪力墙的压弯承载力可以采用试件全截面塑性设计方法计算。

  综合双波纹钢板混凝土组合剪力墙的受力机理分析，根据《钢板剪力墙技术规程》JGJ/T 380—2015 中提出的钢板剪力墙受弯承载力计算公式，对双波纹钢板混凝土组合剪力墙的压弯承载力计算作出如下假定：

（1）构件截面应变符合平截面假定；

（2）不考虑混凝土的受拉承载力贡献；

（3）受压区混凝土提供的承载力按等效矩形应力分布计算；

（4）钢板与内部混凝土保持良好的粘结，共同受力；

（5）按照《混凝土结构设计规范》GB 50010—2010（2015 年版）确定混凝土受压应力-应变关系曲线，$\varepsilon_c < 0.002$ 时为抛物线，$0.002 < \varepsilon_c < 0.0033$ 时为水平直线，混凝土极限压应变值取 0.0033，相对应的最大压应变值取混凝土抗压强度标准值 f_{ck}。

8.2.2　一字形双波纹钢板混凝土组合剪力墙的压弯承载力计算

（1）正截面压弯承载力计算

根据平衡方程，写出 $\sum N = 0$，$\sum M = 0$ 两个方程式。

压弯荷载作用下，一字形钢板混凝土组合剪力墙的横截面正应力分布采用全截面塑性应力分布，其计算模型如图 8-1 所示。

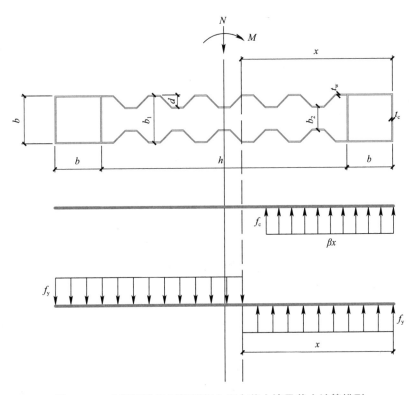

图 8-1　一字形双波纹钢板混凝土组合剪力墙承载力计算模型

根据竖向受力的平衡条件 $\sum N = 0$ 可得：

$$N = N_{wc} + f_y A_{vc} + \rho f_y A_{pc} - f_y A_{vt} - \rho f_y A_{pt} + N_{CFCT,c} - N_{CFCT,t} \tag{8-1}$$

式中：N 为施加在组合剪力墙上的竖向荷载；N_{wc} 为试件墙身受压区混凝土（不包括方钢管内的混凝土）承担的竖向荷载，其计算公式为：

$$N_{wc} = 0.5 f_c (\beta x - b)(b_1 + b_2 - 4 t_w) \tag{8-2}$$

式中：f_c 为混凝土抗压强度；β 为混凝土等效矩形应力系数，按《混凝土结构设计规范》GB 50010—2010 要求取值；x 为塑性中和轴的高度，即混凝土受压区高度；b 为方钢管的边长；b_1 为墙体波峰处的厚度；b_2 为墙体波谷处的厚度，t_w 为墙身部分钢板的厚度。

式（8-1）中，f_y 为墙身钢板的屈服强度；A_{vc} 是垂直于剪力墙受力平面的受压区墙身钢板面积；A_{pc} 是平行于剪力墙受力平面的受压区墙身钢板面积；A_{vt} 是垂直于剪力墙受力平面的受拉区墙身钢板面积；A_{pt} 是平行于剪力墙受力平面的受拉钢板面积，其表达式为：

$$A_{vc} = 2n_c d t_w \tag{8-3}$$

$$A_{pc} = 2(x - b)t_w \tag{8-4}$$

$$A_{vt} = 2n_t d t_w \tag{8-5}$$

$$A_{pt} = 2(h + b - x)t_w \tag{8-6}$$

式（8-3）～式（8-6）中：n_c 为受压区单侧波纹钢板的斜边数；d 为波纹钢板的波纹深度；n_t 为受拉区单侧波纹钢板的斜边数；h 为墙身的宽度。

式（8-1）中：$N_{CFCT,c}$ 为受压区方钢管混凝土承担的竖向荷载；$N_{CFCT,t}$ 为受拉区方钢管混凝土承担的竖向荷载；根据《钢管混凝土结构技术规范》GB 50936—2014 中提出的公式进行计算，其表达式为：

$$N_{CFCT,c} = b^2 f_{sc} \tag{8-7}$$

$$N_{CFCT,t} = C_1 A_s f'_y \tag{8-8}$$

$$f_{sc} = (1.212 + B\theta + C\theta^2)f_c \tag{8-9}$$

$$\theta = \alpha_{sc} \frac{f'_y}{f_c} \tag{8-10}$$

$$\alpha_{sc} = \frac{A_s}{A_c} \tag{8-11}$$

式（8-7）～式（8-11）中：C_1 为钢管受拉强度提高系数，实心截面取 $C_1 = 1.1$；A_s 为钢管的面积；f'_y 为方钢管的钢材屈服强度；B、C 为截面形状对套箍效应的影响系数，对于方钢管：$B = \frac{0.131 f'_y}{213} + 0.723$，$C = -\frac{0.070 f'_y}{14.4} + 0.026$；$\theta$ 为实心钢管混凝土柱的套箍系数；α_{sc} 为实心钢管混凝土柱的含钢率；A_c 为钢管内混凝土的面积。

可得到塑性中和轴距离试件截面右端的距离 x（图 8-7），即混凝土受压区高度 x 的计算表达式为：

$$x = \frac{N + 0.5f_c b(b_1 + b_2 - 4t_w) - 2f_y t_w d(n_c - n_t) + 2\rho f_y t_w(h + 2b) - N_{CFCT,c} + N_{CFCT,t}}{0.5f_c \beta(b_1 + b_2 - 4t_w) + 4\rho f_y t_w} \tag{8-12}$$

根据竖向受力的平衡条件 $\sum M = 0$，对一字形双波纹钢板混凝土组合剪力墙墙体截面的对称轴（形心）取矩，可得到一字形双波纹钢板混凝土组合剪力墙正截面受弯承载力 M 的计算式为：

$$M_{u,N} = 0.25f_c(\beta x - b)(b_1 + b_2 - 4t_w)(h_1 - b - 0.5\beta x) + 2\rho f_y t_w(x - b)$$
$$(h + b - x) + 0.25N_{CFCT,c}\left[1.212 + B\frac{A_s f'_y}{A_c f_c} + C\left(\frac{A_s f'_y}{A_c f_c}\right)^2\right](h + b) +$$
$$0.5N_{CFCT,t}(h + b) + 4f_y d t_w \sum_{i=1}^{n_c} S_{i,c} \tag{8-13}$$

式中，$S_{i,c}$ 为受压区波纹钢板斜边中点到墙体截面对称轴的距离。

（2）对应计算公式验证

将受压区高度 x 代入式（8-14）中可以得到一字形双波纹钢板混凝土组合剪力墙在轴压力 N 作用下的受弯承载力，并考虑 P-Δ 效应的条件下，利用上述得到的压弯承载力公式，可得到低周反复荷载作用下一字形双波纹钢板混凝土组合剪力墙的水平承载力 V_c 计算公式：

$$V_c = \frac{M - N\Delta_c}{H} \tag{8-14}$$

式中：Δ_c 为试验中峰值荷载对应的加载点水平位移；H 为加载点到试件基础混凝土梁顶面的高度；V_c 为通过承载力计算公式得到极限承载力的计算值。

利用式（8-14）对各试件的水平承载力进行计算，并与试验结果进行对比，列于表 8-1 中。通过对比可知，试验值 P_{exp} 与计算值 P_{cal}（即 V_c）之比的平均值为 1.07，标准差为 0.095，变异系数为 0.089，故计算值与试验值较为吻合。总体上，按本书提出的极限承载力计算公式所得的计算值要小于试验实测值，这说明本书的公式具有一定的安全储备，所提出的一字形双波纹钢板混凝土组合剪力墙压弯承载力计算方法可供实际工程设计提供参考。

一字形试件承载力的试验值与计算值比较 表 8-1

试件编号	加载方向	试验值 P_{exp}/kN	计算值 P_{cal}/kN	P_{exp}/P_{cal}
W1	正向	580.83	487.10	1.19
	负向	−571.98	−487.10	1.17
W2	正向	509.17	493.72	1.03
	负向	−522.11	−493.45	1.06
W3	正向	691.18	564.37	1.22
	负向	−682.33	−561.60	1.21
W4	正向	526.20	507.95	1.04
	负向	−576.31	−508.73	1.13
W5	正向	429.64	445.62	0.96
	负向	−467.60	−445.84	1.05
W6	正向	586.87	502.28	1.17
	负向	−590.41	−502.42	1.18
W7	正向	565.51	477.14	1.17
	负向	−581.62	−477.20	1.22
W8	正向	525.41	506.24	1.14
	负向	−584.19	−503.21	1.16
W9	正向	540.79	501.44	1.08
	负向	−523.27	−499.85	1.05
W10	正向	726.04	837.83	0.87
	负向	−849.27	834.93	1.02
W11	正向	781.09	814.78	0.96
	负向	−815.45	−815.11	1.00

续表

试件编号	加载方向	试验值 P_{exp}/kN	计算值 P_{cal}/kN	P_{exp}/P_{cal}
W12	正向	908.78	879.03	1.03
	负向	−928.43	−869.84	1.07
W13	正向	846.03	771.08	1.10
	负向	−770.78	−769.05	1.00
W14	正向	676.47	731.42	0.92
	负向	−769.68	−729.90	1.05
W15	正向	649.31	653.47	0.99
	负向	−623.86	−653.90	0.95

8.2.3　L形双波纹钢板混凝土组合剪力墙的压弯承载力计算

由 4.3 节 L 形双波纹钢板混凝土组合剪力墙受力机理分析可知，与 T 形双波纹钢板混凝土组合剪力墙不同，L 形双波纹钢板混凝土组合剪力墙的翼缘受压或受拉时塑性中和轴均在腹板截面宽度范围内。

（1）翼缘受拉时（小偏压破坏）L 形试件压弯承载力计算公式

压弯荷载作用下，L 形双波纹钢板混凝土组合剪力墙的翼缘受拉时，其横截面正应力分布采用全截面塑性应力分布，如图 8-2 所示。

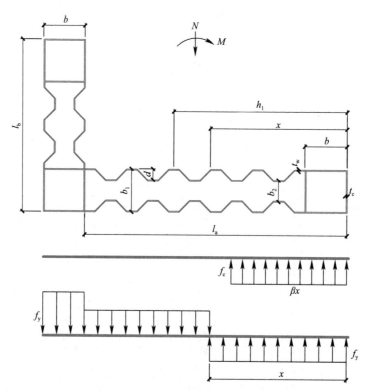

图 8-2　L形双波纹钢板混凝土组合剪力墙的全截面塑性应力分布情况

根据平衡方程，写出 $\sum N=0$，$\sum M=0$ 两个方程式。

与一字形试件类似，根据竖向受力的平衡条件可得：

$$N = 0.5f_c(\beta x - b)(b_1 + b_2 - 4t_w) + f_y A_{vc} + \rho f_y A_{pc} - f_y A_{vt}$$
$$- \rho f_y A_{pt} + N_{CTST,c} - N_{CFST,t} \tag{8-15}$$

式中：N 为施加在 L 形组合剪力墙上的竖向荷载；f_c 为 L 形试件混凝土抗压强度；β 为等效矩形应力系数；x 为塑性中和轴的高度，即 T 形试件混凝土受压区高度；b 为 L 形试件方钢管的边长；b_1 为 L 形试件墙体波峰处的厚度；b_2 为 L 形试件墙体波谷处的厚度；t_w 为 L 形试件墙身部分钢板的厚度；f_y 为 L 形试件墙身钢板屈服强度；A_{vc} 为垂直于 L 形剪力墙受力平面的受压区墙身钢板面积；A_{pc} 为平行于 L 形剪力墙受力平面的受压区墙身钢板面积；A_{vt} 为垂直于 L 形剪力墙受力平面的受拉区墙身钢板面积；A_{pt} 为平行于 L 形剪力墙受力平面的受拉区墙身钢板面积；$N_{CFCT,c}$ 为受压区方钢管混凝土承担的竖向荷载，按式（8-7）计算；$N_{CFCT,t}$ 为受拉区方钢管混凝土承担的竖向荷载，按式（8-8）计算；

其他相关参数计算表达式为：

$$A_{vc} = 2n_c dt_w \tag{8-16}$$
$$A_{pc} = 2(x - b)t_w \tag{8-17}$$
$$A_{vt} = 2l_b t_w + 2n_y dt_w \tag{8-18}$$
$$A_{pt} = 2n_t dt_w + 2t_w(l_a - x) \tag{8-19}$$

式（8-16）～式（8-19）中：n_c 为受压区单侧波纹钢板的斜边数；d 为波纹钢板的波纹深度；n_t 为受拉区单侧波纹钢板的斜边数；n_y 为翼缘单侧波纹钢板的斜边数；l_a 为腹板的长度；l_b 为翼缘的长度。

可得到塑性中和轴距离试件截面右端的距离 x（图 8-10），即混凝土受压区高度 x 的计算表达式为：

$$x = \frac{N + 0.5f_c b(b_1 + b_2 - 4t_w) + 2f_y t_w(l_b - dn_c + dn_y)}{0.5f_c \beta(b_1 + b_2 - 4t_w) + 4\rho f_y t_w} \tag{8-20}$$

根据竖向受力的平衡条件 $\sum M = 0$，对 L 形组合剪力墙截面的截面形心取矩，可以得到翼缘受拉时 L 形双波纹钢板混凝土组合剪力墙受弯承载力 M_L 的计算式为：

$$M_{u,N} = 0.5f_c(\beta x - b)(b_1 + b_2 - 4t_w)(h_1 - b - 0.5\beta x) + N_{CFST,c}(h_1 - 0.5b) +$$
$$N_{CFST,t}(l_a - h_1 + 0.5b) + 2\rho f_y t_w(x - b)(h_1 - b) + 2l_b f_y t_w(l_a - h_1 + 0.5b) +$$
$$2\rho f_y t_w(l_a - x)(l_a - h_1) + 2f_y dt_w \sum_{i=1}^{n_c} S_{i,c} + 2f_y dt_w \sum_{i=1}^{n_y} S_{i,y} + 2\rho f_y dt_w \sum_{i=1}^{n_t} S_{i,t} \tag{8-21}$$

式中：$S_{i,y}$ 为翼缘波纹钢板斜边中点到 L 形墙体截面形心的距离；$S_{i,c}$ 为受压区单侧波纹钢板斜边中点到 L 形墙体截面形心的距离；$S_{i,t}$ 为受拉区单侧波纹钢板斜边中点到 L 形墙体截面形心的距离；h_1 为 L 形墙体截面形心到腹板边缘的距离。

（2）翼缘受压时（大偏压破坏）L 形试件压弯承载力计算公式

压弯荷载作用下，L 形双波纹钢板混凝土组合剪力墙的翼缘受压时，其横截面正应力分布采用全截面塑性应力分布，如图 8-3 所示。

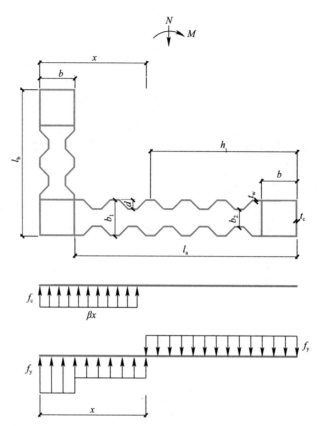

图 8-3   翼缘受压时 L 形双波纹钢板混凝土组合剪力墙的全截面塑性应力分布情况

根据平衡方程，写出 $\sum N = 0$，$\sum M = 0$ 两个方程式。

根据竖向受力的平衡条件可得：

$$N = 0.5 f_c (\beta x - b)(b_1 + b_2 - 4 t_w) + f_c \left(\beta x - \frac{d}{2} \right)(l_b - 2b) +$$

$$f_y A_{vc} + \rho f_y A_{pc} - f_y A_{vt} - \rho f_y A_{pt} + N_{CFST,c} - N_{CFST,t} \quad (8\text{-}22)$$

式中：N 为施加在 L 形组合剪力墙上的竖向负荷载；f_c 为 L 形试件混凝土抗压强度；β 为等效矩形应力系数；x 为塑性中和轴的高度，即 T 形试件混凝土受压区高度；b 为 L 形试件方钢管的边长；b_1 为 L 形试件墙体波峰处的厚度；b_2 为 L 形试件墙体波谷处的厚度；t_w 为 L 形试件墙身部分钢板的厚度；f_y 为 L 形试件墙身钢板的屈服强度；A_{vc} 为垂直于 L 形剪力墙受力平面的受压区墙身钢板面积；A_{pc} 为平行于 L 形剪力墙受力平面的受压区墙身钢板面积；A_{vt} 为垂直于 L 形剪力墙受力平面的受拉区墙身钢板面积；A_{pt} 为平行于 L 形剪力墙受力平面的受拉钢板面积；$N_{CFST,c}$ 为受压区方钢管混凝土承担的竖向荷载，按式（8-7）计算；$N_{CFST,t}$ 为受拉区方钢管混凝土承担的竖向荷载，按式（8-8）计算；

其他相关参数计算表达式为：

$$A_{vc} = 2(l_b - 2b) t_w + 2 n_c d t_w \quad (8\text{-}23)$$

$$A_{pc} = 2(x - b) t_w + 2 n_y d t_w \quad (8\text{-}24)$$

$$A_{vt} = 2 n_t d t_w \quad (8\text{-}25)$$

$$A_{pt} = 2(l_a + b - x)t_w \tag{8-26}$$

式中：n_c 为受压区单侧波纹钢板的斜边数；d 为波纹钢板的波纹深度；n_t 为受拉区单侧波纹钢板的斜边数；n_y 为翼缘单侧波纹钢板的斜边数；l_a 为腹板的长度；l_b 为翼缘的长度。

可得到塑性中和轴距离试件截面左端的距离 x（图 8-11），即混凝土受压区高度 x 的计算表达式为：

$$x = \frac{\begin{aligned}&N + 0.5f_c b(b_1 + b_2 - 4t_w) + 0.5f_c d(l_b - 2b) - 2f_y t_w(l_b - 2b + n_c)\\&\quad + 2f_y n_t d t_w - 2\rho f_y t_w l_a - 2\rho f_y n_y d t_w - N_{CFST,c} + N_{CFST,t}\end{aligned}}{0.5f_c \beta(b_1 + b_2 - 4t_w) + f_c \beta(l_b - 2b)} \tag{8-27}$$

根据竖向受力的平衡条件 $\sum M = 0$，对 L 形组合剪力墙截面的截面形心取矩，可以得到翼缘受压时 L 形双波纹钢板混凝土组合剪力墙受弯承载力 M_L 的计算式为：

$$\begin{aligned}
M_{u,N} = &[0.5f_c(\beta x - b)(b_1 + b_2 - 4t_w) + 2\rho f_y t_w(x - b)](l_a - h_1 + 0.5b - 0.5\beta x)\\
&+ N_{CFST,c}(h_1 - 0.5b) + [0.5f_c d(l_b - 2b) - 2\rho f_y t_w(l_b - 2b)](l_a - h_1 + 0.5b)\\
&+ 2\rho f_y t_w(l_a + b - x)(h_1 - b) + N_{CFST,s}(l_a - h_1 + 0.5b) + 2f_y d t_w\\
&\sum_{i=1}^{n_c} S_{i,c} + 2\rho f_y d t_w \sum_{i=1}^{n_y} S_{i,y} + 2f_y d t_w \sum_{i=1}^{n_t} S_{i,t}
\end{aligned} \tag{8-28}$$

式中：$S_{i,y}$ 为翼缘波纹钢板斜边中点到 L 形墙体截面形心的距离；$S_{i,c}$ 为受压区单侧波纹钢板斜边中点到 L 形墙体截面形心的距离；$S_{i,t}$ 为受拉区单侧波纹钢板斜边中点到 L 形墙体截面形心的距离；h_1 为 L 形墙体截面形心到腹板边缘的距离。

（3）对应计算公式验证

将受压区高度 x 代入式（8-28）中，可以得到 L 形双波纹钢板混凝土组合剪力墙在轴压力 N 作用下的受弯承载力，并考虑 $P\text{-}\Delta$ 效应的条件下，利用上述得到的压弯承载力公式，可得到低周反复荷载作用下 L 形双波纹钢板混凝土组合剪力墙的水平承载力 V 计算公式为：

$$V_c = \frac{M_L - N_L \Delta_c}{H} \tag{8-29}$$

式中：Δ_c 为试验中峰值荷载对应的加载点水平位移；H 为加载点到试件基础混凝土梁顶面的高度。

利用式（8-29）对各试件的水平承载力进行计算，并与试验结果进行对比，列于表 8-2 中。通过对比可知，试验值 P_{exp} 与计算值 P_{cal}（即 V_c）之比的平均值为 1.02，标准差为 0.080，变异系数为 0.078，故计算值与试验值较为吻合。所提出的 L 形双波纹钢板混凝土组合剪力墙压弯承载力计算方法可供实际工程设计提供参考。

L 形试件承载力的试验值与计算值比较　　　　　　　　　　　表 8-2

试件编号	加载方向	试验值 P_{exp}/kN	计算值 P_{cal}/kN	P_{exp}/P_{cal}
LW1	正向	730.12	723.20	1.01
	负向	−708.40	−666.10	1.06
LW2	正向	647.18	698.61	0.93
	负向	−636.98	−625.91	1.02

试件编号	加载方向	试验值 P_{exp}/kN	计算值 P_{cal}/kN	P_{exp}/P_{cal}
LW3	正向	715.54	734.19	0.97
	负向	−625.57	−636.68	0.98
LW4	正向	551.16	605.68	0.91
	负向	−472.12	−513.07	0.92
LW5	正向	1008.82	991.87	1.02
	负向	−812.16	−789.18	1.03
LW6	正向	786.71	830.19	0.95
	负向	−681.36	−657.50	1.04
LW7	正向	955.29	939.47	1.02
	负向	−637.78	−583.38	1.14
LW8	正向	544.33	569.33	0.97
	负向	−700.16	−575.24	1.22
LW9	正向	693.50	682.11	1.02
	负向	—	—	—
LW10	正向	917.81	867.78	1.06
	负向	−905.06	−791.96	1.14

8.2.4　T 形双波纹钢板混凝土组合剪力墙的压弯承载力计算

（1）翼缘受拉时（小偏压破坏）T 形试件压弯承载力计算公式

压弯荷载作用下，T 形双波纹钢板混凝土组合剪力墙的翼缘受拉时，其横截面正应力分布采用全截面塑性应力分布，如图 8-4 所示。当翼缘受拉时，混凝土受压区高度较大，此时中和轴位于腹板处，与一字形试件类似，根据平衡方程，写出 $\sum N=0$，$\sum M=0$ 两个方程式。

根据竖向受力的平衡条件可得：

$$N=0.5f_c(\beta x-b)(b_1+b_2-4t_w)+f_yA_{vc}+\rho f_yA_{pc}-f_yA_{vt}$$
$$-\rho f_yA_{pt}+N_{CFST,c}-N_{CFST,s} \tag{8-30}$$

式中：N 为施加在 T 形组合剪力墙上的竖向荷载；f_c 为 T 形试件混凝土的抗压强度值；β 为等效矩形应力系数；x 为塑性中和轴的高度，即 T 形试件混凝土受压区高度；b 为 T 形试件方钢管的边长；b_1 为 T 形试件墙体波峰处的厚度；b_2 为 T 形试件墙体波谷处的厚度；t_w 为 T 形试件墙身部分钢板的厚度；f_y 为 T 形试件墙身钢板屈服强度；A_{vc} 为垂直于 T 形剪力墙受力平面的受压区墙身钢板面积；A_{pc} 为平行于 T 形剪力墙受力平面的受压区墙身钢板面积；A_{vt} 为垂直于 T 形剪力墙受力平面的受拉区墙身钢板面积；A_{pt} 为平行于 T 形剪力墙受力平面的受拉钢板面积；$N_{CFST,c}$ 为受压区方钢管混凝土承担的竖向荷载，按式（8-7）计算；$N_{CFST,t}$ 为受拉区方钢管混凝土承担的竖向荷载，按式（8-8）计算，其他相关参数计算表达式为：

$$A_{vc}=2n_cdt_w \tag{8-31}$$

$$A_{pc}=2(x-b)t_w \tag{8-32}$$

$$A_{vt}=2l_bt_w+2n_ydt_w \tag{8-33}$$

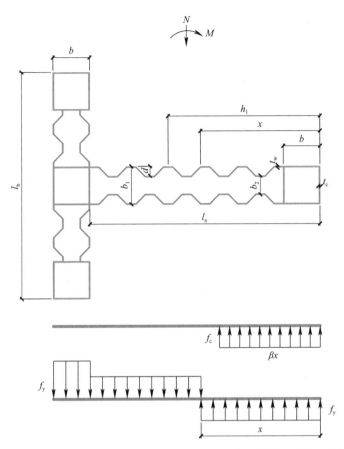

图 8-4　翼缘受拉时 T 形双波纹钢板混凝土组合剪力墙的全截面塑性应力分布情况

$$A_{pt} = 2n_t d t_w + 2t_w(l_a - x) \tag{8-34}$$

式中：n_c 为受压区单侧波纹钢板的斜边数；d 为波纹钢板的波纹深度；n_t 为受拉区单侧波纹钢板的斜边数；n_y 为翼缘单侧波纹钢板的斜边数；l_a 为腹板的长度；l_b 为翼缘的长度。

可得到塑性中和轴距离试件截面右端的距离 x（图 8-10），即混凝土受压区高度 x 的计算表达式为：

$$x = \frac{\begin{aligned}&N + 0.5f_c b(b_1 + b_2 - 4t_w) + 2f_y t_w d(\rho n_t + n_y - n_c)\\ &+ 2\rho f_y t_w(l_a + b) + 2\rho f_y t_w l_b - N_{CFST,c} + N_{CFST,t}\end{aligned}}{0.5f_c\beta(b_1 + b_2 - 4t_w) + 4\rho f_y t_w} \tag{8-35}$$

根据竖向受力的平衡条件 $\sum M = 0$，对 T 形组合剪力墙截面的截面形心取矩，可以得到翼缘受拉时 T 形双波纹钢板混凝土组合剪力墙受弯承载力 M 的计算公式为：

$$\begin{aligned}M =\ & 0.5f_c(\beta x - b)(b_1 + b_2 - 4t_w)(h_1 - b - 0.5\beta x) + N_{CFST,c}(h_1 - 0.5b)\\ &+ N_{CFST,t}(l_a - h_1 + 0.5b) + \rho f_y t_w(x - b)(h_1 - b) + 2l_b f_y t_w(l_a - h_1 + 0.5b)\\ &+ \rho f_y t_w(l_a - x)(l_a - h_1) + 2f_y d t_w \sum_{i=1}^{n_c} S_{i,c} + 0.5f_y d t_w \sum_{i=1}^{n_y} S_{i,y} + 2\rho f_y d t_w \sum_{i=1}^{n_t} S_{i,t}\end{aligned}$$

$$\tag{8-36}$$

式中：$S_{i,y}$ 为翼缘波纹钢板斜边中点到 T 形墙体截面形心的距离；$S_{i,c}$ 为受压区单侧波纹钢板斜边中点到 T 形墙体截面形心的距离；$S_{i,t}$ 为受拉区单侧波纹钢板斜边中点到 T 形墙体截面形心的距离；h_1 为 T 形墙体截面形心到腹板边缘的距离。

（2）翼缘受压时（大偏压破坏）T 形试件压弯承载力计算公式

在压弯荷载作用下，当 T 形双波纹钢板混凝土组合剪力墙的翼缘受压时，其横截面正应力分布采用全截面塑性应力分布，如图 8-5 所示。

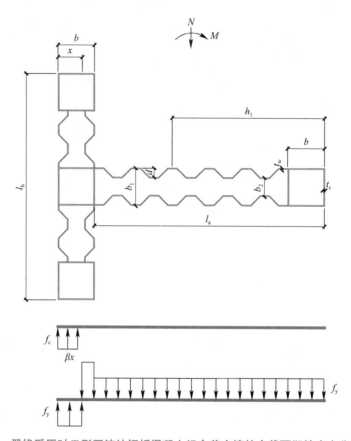

图 8-5　翼缘受压时 T 形双波纹钢板混凝土组合剪力墙的全截面塑性应力分布情况

当翼缘受压时，混凝土受压区高度较小，此时中和轴位于翼缘内，与翼缘受拉类似，根据竖向受力的平衡条件可得：

$$N_T = N_c + f_y A_{vc} + \rho f_y A_{pc} - f_y A_{vt} - \rho f_y A_{pt} \tag{8-37}$$

式中：N_T 为施加在 T 形组合剪力墙上的竖向荷载；N_c 为受压区混凝土（包括受压区方钢管混凝土）承担的竖向荷载，其计算公式为：

$$N_c = f_c\left(\beta x - \frac{d}{2}\right)(l_b - 2b) + 2f_{sc}(b - 2t_c)(x - t_c) \tag{8-38}$$

式中：f_c 为 T 形试件混凝土抗压强度；β 为等效矩形应力系数；x 为 T 形试件混凝土受压区高度；d 为波纹钢板的波纹深度；l_b 为翼缘的长度；b 为 T 形试件方钢管的宽度；f_{sc} 为实心钢管混凝土抗压强度值，按式（8-9）计算；t_c 为方钢管的厚度。

式（8-37）中：f_y 为 T 形试件墙身钢板屈服强度；A_{vc} 为垂直于 T 形剪力墙受力平面的受压区钢板面积；A_{pc} 为平行于 T 形剪力墙受力平面的受压区钢板面积；A_{vt} 为垂直于

T 形剪力墙受力平面的受拉区钢板面积；A_{pt} 为平行于 T 形剪力墙受力平面的受拉区钢板面积，其计算表达式为：

$$A_{vc} = (l_b - 2b)t_w + 2bt_c \tag{8-39}$$

$$A_{pc} = 6xt_c + n_y dt_w \tag{8-40}$$

$$A_{vt} = (l_b - 3b)t_w + 2n_t dt_w + 5bt_c \tag{8-41}$$

$$A_{pt} = 2l_a t_w + n_y dt_w + 6(b - x)t_c \tag{8-42}$$

式中：t_w 为墙体钢板的厚度；n_t 为受拉区单侧波纹钢板的斜边数；n_y 为翼缘单侧波纹钢板的斜边数；l_a 为腹板的长度。

可得到塑性中和轴距离试件截面左端的距离 x（图 8-11），即混凝土受压区高度 x 的计算表达式为：

$$x = \frac{N - 0.5f_c d(l_b - 2b) - 2f_{sc}(bt_c + 2t_c^2) + f_y(3bt_c + 2n_t dt_w - bt_w) + 2\rho f_y t_w l_a + 6\rho f_y t_c b}{f_c \beta(l_b - 2b) + 2f_{sc}(b - 2t_c) + 12\rho f_y t_c} \tag{8-43}$$

根据竖向受力的平衡条件 $\sum M = 0$，对 T 形双波纹钢板混凝土组合剪力墙截面的截面形心取矩，可以得到翼缘受压时 T 形双波纹钢板混凝土组合剪力墙受弯承载力 $M_{u,N}$ 的计算公式为：

$$
\begin{aligned}
M_{u,N} = & \left[f_c\left(\beta x - \frac{d}{2}\right)(l_b - 2b) + 2f_{sc}(b - 2t_c)(x - t_c) \right](l_a - h_1 + b - 0.5\beta x) \\
& + f_y t_w (h_1 - b)^2 + f_y(l_b t_w - 2bt_w + 2bt_c + 6\rho x t_c)(b - 0.5x + l_a - h_1) \\
& + (l_b t_w - 3bt_w + 3bt_c)(l_a - h_1) + 2f_y bt_c (h_1 - b) - 6\rho f_y t_c (b - x) \\
& [l_a - h_1 + 0.5(b - x)] - \rho f_y t_w (l_a - h_1)^2 + \rho f_y t_w d \sum_{i=1}^{n_y} s_{i,y} + 2f_y t_w \sum_{i=1}^{n_t} s_{i,t}
\end{aligned} \tag{8-44}
$$

式中：$s_{i,y}$ 为翼缘波纹钢板斜边中点到 T 形墙体截面形心的距离；$s_{i,t}$ 为受拉区单侧波纹钢板斜边中点到 T 形墙体截面形心的距离；h_1 为 T 形墙体截面形心到腹板边缘的距离。

（3）相应计算公式验证

将受压区高度 x 代入式（8-28）中可以得到 T 形双波纹钢板混凝土组合剪力墙在轴压力 N 作用下的受弯承载力，并考虑 P-Δ 效应的条件下，利用上述得到的压弯承载力公式，可得出低周反复荷载作用下 T 形双波纹钢板混凝土组合剪力墙的水平承载力 V 计算公式：

$$V = \frac{M_T - NT\Delta_c}{H} \tag{8-45}$$

式中：M_T 为翼缘受拉时 T 形组合剪力墙的受弯承载力；Δ_c 为试验中峰值荷载对应的加载点水平位移；H 为加载点到试件基础混凝土梁顶面的高度。

利用式（8-45）对 T 形剪力墙试件的水平承载力进行计算，并与试验结果进行对比，列于表 8-3 中。通过对比可知，试验值 P_{exp} 与计算值 P_{cal}（即 V_c）之比的平均值为 1.04，标准差为 0.074，变异系数为 0.071，计算值与试验值吻合较好。根据公式计算所得的承载力计算值大部分小于试件峰值荷载的试验值，这说明使用上述公式计算得出的承载力具备有一定量的安全储备。部分试件的对比结果误差较大,其原因是在试验过程中试件与基础混凝土底座发生较大程度的分离现象,导致试件强度无法充分发挥,试验所得的峰值荷载存在误差。所提出的 T 形双波纹钢板混凝土组合剪力墙压弯承载力计算方法可供实际工程设计提供参考。

T 形试件承载力的试验值与计算值比较

表 8-3

试件编号	加载方向	试验值 P_{exp}/kN	计算值 P_{cal}/kN	P_{exp}/P_{cal}
TW1	正向	774.86	769.18	1.01
	负向	−585.32	−551.68	1.07
TW2	正向	780.97	760.53	1.03
	负向	−517.00	−495.02	1.04
TW3	正向	780.42	756.90	1.03
	负向	−585.16	−544.54	1.07
TW4	正向	672.93	730.07	0.92
	负向	−557.21	−518.64	1.07
TW5	正向	616.84	551.47	1.12
	负向	−653.10	−546.89	1.14
TW6	正向	1015.05	894.15	1.14
	负向	−798.68	−789.96	1.01
TW7	正向	1284.77	1237.87	1.04
	负向	−926.91	−857.23	1.08
TW8	正向	1165.44	1236.11	0.94
	负向	−1000.21	−896.87	1.12
TW9	正向	1206.82	1238.59	0.97
	负向	−968.54	−921.16	1.05
TW10	正向	823.94	972.17	0.85
	负向	−822.53	−792.55	1.04

8.3 双波纹钢板混凝土组合剪力墙的设计建议

采用试验和数值分析的方法对双波纹钢板混凝土组合剪力墙在低周反复加载下的受力机理和力学性能变化规律进行了深入分析。同时根据《混凝土结构设计规范》GB 50010—2010(2015 年版)、《建筑抗震设计规范》GB 50011—2010(2016 年版)、《钢板剪力墙技术规程》JGJ/T 380—2015、《组合结构设计规范》JGJ 138—2016 和《钢管混凝土结构技术规范》GB 50936—2014,基于全截面塑性假定推导出一字形、T 形和 L 形双波纹钢板混凝土组合剪力墙的抗弯承载力计算公式,通过公式得到的计算值与试验值较为吻合。

8.3.1 一般规定及构造要求

(1)墙体形式。波纹钢板混凝土组合剪力墙截面形式可分为一字形、L 形和 T 形三种。如图 8-6 所示。波纹钢板混凝土组合剪力墙厚度不宜小于 200 mm,剪力墙混凝土强度等级应不低于 C40。

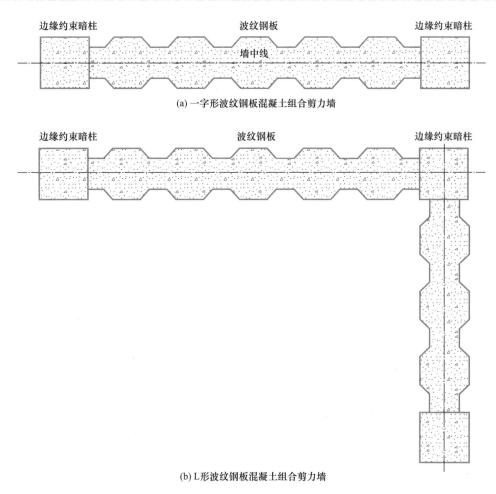

(a) 一字形波纹钢板混凝土组合剪力墙

(b) L形波纹钢板混凝土组合剪力墙

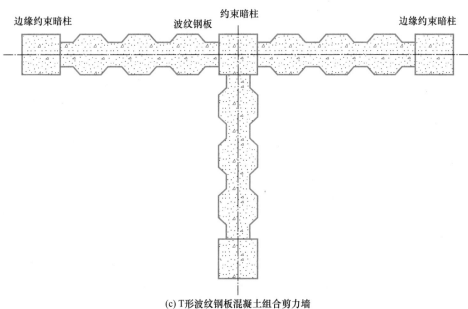

(c) T形波纹钢板混凝土组合剪力墙

图 8-6　波纹钢板混凝土组合剪力墙截面形式

（2）波纹钢板形式。波纹钢板的波纹方向宜采用竖向波纹，波纹钢板的波纹类型宜采用非对称梯形波纹，梯形波纹钢板的相关参数可按照《波形钢板组合结构技术规程》T/CECS 624—2019、《波纹腹板钢结构规程》CECS 291—2011 中的规定选取。通过大量理论分析和充分试验研究，下列波纹类型用于受弯构件，能确保波纹钢板剪切不先于剪切屈服发生，具备较好的结构剪切屈服延性。结合本课题研究，考虑波纹钢板的防腐需要、设备成型能力、辊轧成型的弯角大小以及混凝土浇灌压力等因素确定，推荐波纹参数如图 8-7 所示。波纹钢板的厚度不宜小于 4 mm，钢板厚度与墙体厚度之比不宜大于 1/25，且不宜小于 1/100。

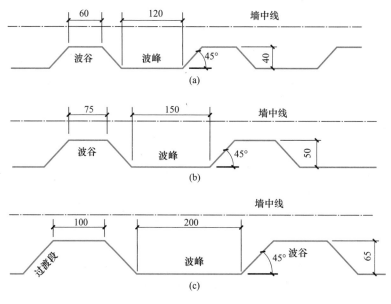

图 8-7　推荐参考波形

（3）连接方式。波纹钢板混凝土组合剪力墙的墙体外包波纹钢板和内填混凝土之间的连接构造可采用栓钉或对拉螺栓，也可混合采用这两种连接方式。如图 8-8 所示。栓钉直径不宜小于 10 mm，栓钉连接件的直径不宜大于钢板厚度的 1.5 倍，栓钉的长度宜大于 8 倍的栓钉直径。对拉螺杆直径不宜小于 12 mm，对拉螺杆应采用高强度螺栓，对拉螺杆由螺杆、外螺母和内限位螺母组成，对拉螺杆的间距不宜大于 600 mm。

（4）对拉螺栓设置。当钢板混凝土组合剪力墙的墙体连接构造对拉螺栓时，可采用正交布置或梅花状布置，如图 8-9 所示。当螺栓竖向间距和钢板厚度的比值满足式（8-46）、式（8-47）的规定时，承载力计算时可不考虑波纹钢板局部屈曲的影响。

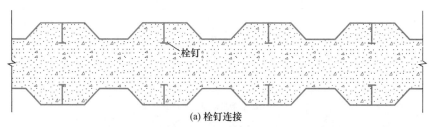

（a）栓钉连接

图 8-8　波纹钢板混凝土组合剪力墙构造连接示意（一）

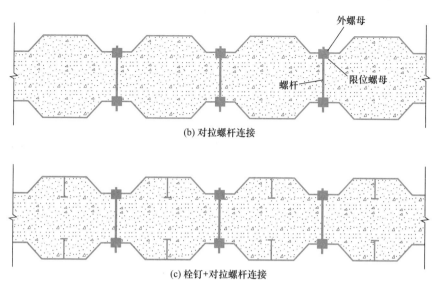

(b) 对拉螺杆连接

(c) 栓钉+对拉螺杆连接

图 8-8　波纹钢板混凝土组合剪力墙构造连接示意（二）

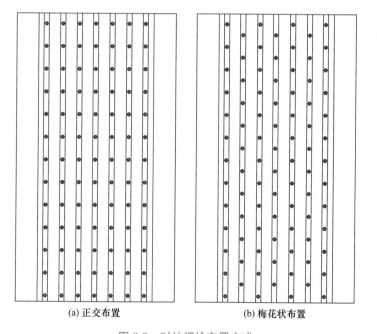

(a) 正交布置　　　　　　　　　　(b) 梅花状布置

图 8-9　对拉螺栓布置方式

正交布置：
$$\frac{d_1}{t_w} \leqslant 130\sqrt{\frac{235}{f_y}} \tag{8-46}$$

梅花布置：
$$\frac{d_1}{t_w} \leqslant 180\sqrt{\frac{235}{f_y}} \tag{8-47}$$

式中：d_1 为螺栓竖向间距，t_w 为波形钢板；f_y 为波纹钢板屈服强。

（5）轴压比限值。重力荷载代表值作用下，一、二、三、四级波纹钢板混凝土组合墙墙肢的轴压比不宜超过表 8-4 的限值。

波纹钢板混凝土组合剪力墙轴压比限值   表 8-4

抗震等级	一级（9度）	一级（6、7、8度）	二级、三级、四级
轴压比限值	0.4	0.5	0.6

轴压比：
$$n_t = \frac{1.25N}{f_{c,t}A_c/1.4 + f_{y,t}A_s/1.1} \tag{8-48}$$

式中：N 为设计荷载；$f_{c,t}$ 为测混凝土轴心设计抗压强度；$f_{y,t}$ 为钢材屈服强度设计值；A_c 为试件受压混凝土的截面面积；A_s 为试件受压钢板的截面面积。

试验结果表明，一字形双波纹钢板混凝土组合剪力墙的轴压比限值宜控制在 0.4 以内，L 形、T 形双波纹钢板混凝土组合剪力墙宜控制在 0.2 以内，其承载力和延性更优。

（6）约束暗柱、端柱。为防止波纹钢板混凝土组合剪力墙自由端提前破坏，墙体两端和洞口两侧应设置暗柱、端柱，暗柱、端柱宜采用矩形钢管混凝土构件。其钢板厚度应大于波纹钢板 2 mm 以上，且不宜小于 10 mm。为增强约束暗柱的刚度，在竖向对接部位宜设置水平加强隔板。同时，波纹钢板混凝土组合剪力墙在楼层标高处应设置型钢暗梁。

（7）含钢率。波纹钢板混凝土组合剪力墙含钢率不宜小于 4%，且不宜大于 15%。

（8）焊接连接。严格保证墙身钢板和约束方钢管柱的连接质量，宜采用焊接连接，且应满足一级焊缝的要求。

8.3.2 承载力计算

（1）考虑地震作用的波纹钢板混凝土组合剪力墙的弯矩设计值、剪力设计值应根据《建筑抗震设计规范》GB 50011—2010（2016 年版）规定来确定。

（2）压弯作用下钢板混凝土组合剪力墙受弯承载力可选用全截面塑性设计方法计算，而且需要考虑剪力对钢板轴向强度会产生降低效果。

1）一字形波纹钢板混凝土组合剪力墙（图 8-10）受弯承载力计算应符合下列规定：

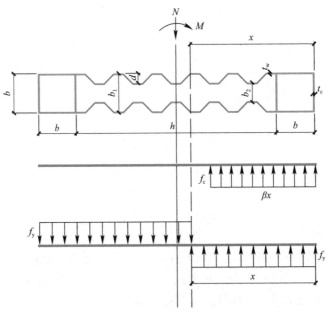

图 8-10 压弯荷载作用下的截面应力分布（一字形）

塑性中和轴的高度为：

$$N = 0.5f_c(\beta x - b)(b_1 + b_2 - 4t_w) + f_y A_{vc} + \rho f_y A_{pc}$$
$$- f_y A_{vt} - \rho f_y A_{pt} + b^2 f_{sc} - C_1 A_s f'_y \tag{8-49}$$

混凝土受压区高度 x 的计算表达式为：

$$x = \frac{\begin{aligned}&N + 0.5f_c b(b_1 + b_2 - 4t_w) - 2f_y t_w d(n_c - n_t) + 2\rho f_y t_w(h + 2b)\\ &\quad - b^2 f_{sc} + C_1 A_s f'_y\end{aligned}}{0.5f_c\beta(b_1 + b_2 - 4t_w) + 4\rho f_y t_w} \tag{8-50}$$

受弯承载力设计值为：

$$M_{u,N} = 0.25f_c(\beta x - b)(b_1 + b_2 - 4t_w)(h + b - \beta x) + 2\rho f_y t_w(x - b)(h + b - x)$$
$$+ 0.25b^2 f_c\left[1.212 + B\frac{A_s f'_y}{A_c f_c} + C\left(\frac{A_s f'_y}{A_c f_c}\right)^2\right](h + b) + 0.5C_1 A_s f'_y(h + b)$$
$$+ 4f_y dt_w\sum_{i=1}^{n_c} s_{i,c} \tag{8-51}$$

$$\rho = \begin{cases}1 & (V/V_u \leqslant 0.5)\\ 1 - (2V/V_u - 1)^2 & (V/V_u > 0.5)\end{cases} \tag{8-52}$$

截面弯矩设计值应符合：

$$M \leqslant M_{u,N} \tag{8-53}$$

受剪承载力应符合：

$$V \leqslant V_u \tag{8-54}$$
$$V_u = 0.6f_y(A_{pc} + A_{pt}) \tag{8-55}$$

式中：A_{pc} 为平行于剪力墙受力平面的受压区墙身钢板面积，mm^2，按式（8-4）计算；A_{pt} 为平行于剪力墙受力平面的受拉区墙身钢板面积，mm^2，按式（8-6）计算。

2）L 形波纹钢板混凝土组合剪力墙受弯承载力计算应符合下列规定：

压弯荷载作用下，翼缘受拉时（小偏压破坏），L 形双波纹钢板混凝土组合剪力墙的翼缘受拉时，其横截面正应力分布采用全截面塑性应力分布，如图 8-11 所示。

塑性中和轴的高度为：

$$N = 0.5f_c(\beta x - b)(b_1 + b_2 - 4t_w) + f_y A_{vc} + \rho f_y A_{pc}$$
$$- f_y A_{vt} - \rho f_y A_{pt} + b^2 f_{sc} - C_1 A_s f'_y \tag{8-56}$$

混凝土受压区高度 x 的计算表达式为：

$$x = \frac{\begin{aligned}&N + 0.5f_c b(b_1 + b_2 - 4t_w) + 2f_y t_w(l_b - dn_c + dn_y)\\ &\quad + 2\rho f_y t_w(l_a + b + dn_t) + 2bf_y t_w - b^2 f_{sc} + C_1 A_s f'_y\end{aligned}}{0.5f_c\beta(b_1 + b_2 - 4t_w) + 4\rho f_y t_w} \tag{8-57}$$

受弯承载力设计值为：

$$M_{u,N} = 0.5f_c(\beta x - b)(b_1 + b_2 - 4t_w)(h_1 - b - 0.5\beta x) + b^2 f_{sc}(h_1 - 0.5b)$$
$$+ C_1 A_s f'_y(l_a - h_1 + 0.5b) + 2\rho f_y t_w(x - b)(h_1 - b) + 2l_b f_y t_w(l_a - h_1 + 0.5b)$$
$$+ 2\rho f_y t_w(l_a - x)(l_a - h_1) + 2f_y dt_w\sum_{i=1}^{n_c} s_{i,c} + 2f_y dt_w\sum_{i=1}^{n_y} s_{i,y} + 2\rho f_y dt_w\sum_{i=1}^{n_t} s_{i,t}$$

$$\tag{8-58}$$

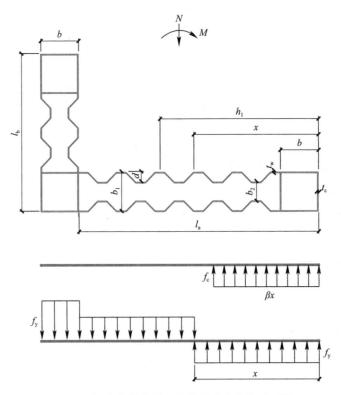

图 8-11   压弯荷载作用下的截面应力分布（L 形）

$$\rho = \begin{cases} 1 & (V/V_u \leqslant 0.5) \\ 1 - (2V/V_u - 1)^2 & (V/V_u > 0.5) \end{cases} \tag{8-59}$$

截面弯矩设计值应符合：

$$M \leqslant M_{u,N} \tag{8-60}$$

$$V \leqslant V_u \tag{8-61}$$

$$V_u = 0.6 f_y (A_{pc} + A_{pt}) \tag{8-62}$$

式中：A_{pc} 为平行于剪力墙受力平面的受压区墙身钢板面积，mm^2，按式（8-17）计算；A_{pt} 为平行于剪力墙受力平面的受拉区墙身钢板面积，mm^2，按式（8-19）计算。

压弯荷载作用下，翼缘受压时（大偏压破坏），L 形双波纹钢板混凝土组合剪力墙的翼缘受压时，其横截面正应力分布采用全截面塑性应力分布，如图 8-12 所示。

塑性中和轴的高度为：

$$N = 0.5 f_c (\beta x - b)(b_1 + b_2 - 4t_w) + f_c \left(\beta x - \frac{d}{2} \right)(l_b - 2b)$$

$$+ f_y A_{vc} + \rho f_y A_{pc} - f_y A_{vt} - \rho f_y A_{pt} + b^2 f_{sc} - C_1 A_s f_y' \tag{8-63}$$

混凝土受压区高度 x 的计算表达式为：

$$x = \frac{\begin{aligned} &N + 0.5 f_c b (b_1 + b_2 - 4t_w) + 0.5 f_c d (l_b - 2b) - 2 f_y t_w (l_b - 2b + n_c) \\ &+ 2 f_y n_t d t_w - 2\rho f_y t_w l_a - 2\rho f_y n_y d t_w - b^2 f_{sc} + C_1 A_s f_y' \end{aligned}}{0.5 f_c \beta (b_1 + b_2 - 4t_w) + f_c \beta (l_b - 2b)} \tag{8-64}$$

受弯承载力设计值为：

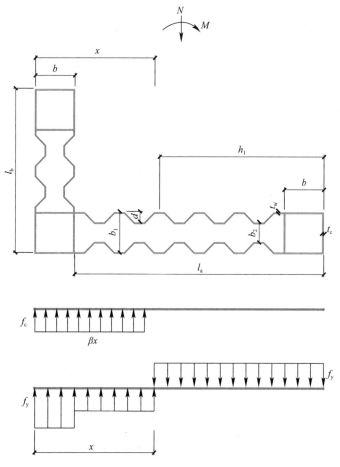

图 8-12　压弯荷载作用下的截面应力分布（L 形）

$$M_{\mathrm{u,N}} = [0.5 f_{\mathrm{c}}(\beta x - b)(b_1 + b_2 - 4 t_{\mathrm{w}}) + 2\rho f_{\mathrm{y}} t_{\mathrm{w}}(x - b)](l_{\mathrm{a}} - h_1 + 0.5 b - 0.5 \beta x)$$
$$+ b^2 f_{\mathrm{sc}}(h_1 - 0.5 b) + [0.5 f_{\mathrm{c}} d(l_{\mathrm{b}} - 2b) - 2\rho f_{\mathrm{y}} t_{\mathrm{w}}(l_{\mathrm{b}} - 2b)](l_{\mathrm{a}} - h_1 + 0.5 b)$$
$$+ 2\rho f_{\mathrm{y}} t_{\mathrm{w}}(l_{\mathrm{a}} + b - x)(h_1 - b) + C_1 A_{\mathrm{s}} f_{\mathrm{y}}'(l_{\mathrm{a}} - h_1 + 0.5 b)$$
$$+ 2 f_{\mathrm{y}} d t_{\mathrm{w}} \sum_{i=1}^{n_{\mathrm{c}}} S_{i,\mathrm{c}} + 2\rho f_{\mathrm{y}} d t_{\mathrm{w}} \sum_{i=1}^{n_{\mathrm{y}}} S_{i,\mathrm{y}} + 2 f_{\mathrm{y}} d t_{\mathrm{w}} \sum_{i=1}^{n_{\mathrm{t}}} S_{i,\mathrm{t}} \tag{8-65}$$

$$\rho = \begin{cases} 1 & (V/V_{\mathrm{u}} \leqslant 0.5) \\ 1 - (2V/V_{\mathrm{u}} - 1)^2 & (V/V_{\mathrm{u}} > 0.5) \end{cases} \tag{8-66}$$

截面弯矩设计值应符合：

$$M \leqslant M_{\mathrm{u,N}} \tag{8-67}$$

受剪承载力应符合：

$$V \leqslant V_{\mathrm{u}} \tag{8-68}$$

$$V_{\mathrm{u}} = 0.6 f_{\mathrm{y}}(A_{\mathrm{pc}} + A_{\mathrm{pt}}) \tag{8-69}$$

式中，A_{pc} 为平行于剪力墙受力平面的受压区墙身钢板面积，mm^2，按式（8-24）计算；A_{pt} 为平行于剪力墙受力平面的受拉区墙身钢板面积，mm^2，按式（8-26）计算。

3）T 形波纹钢板混凝土组合剪力墙受弯承载力计算应符合下列规定：

　　压弯荷载作用下，翼缘受拉时（小偏压破坏），T形双波纹钢板混凝土组合剪力墙的翼缘受拉时，其横截面正应力分布采用全截面塑性应力分布，如图8-13所示。

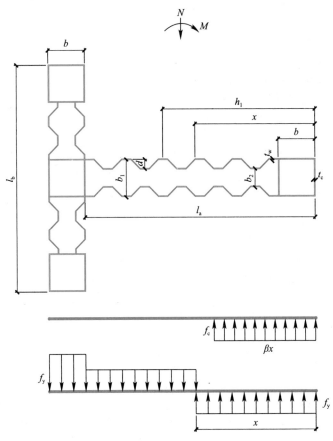

图 8-13　压弯荷载作用下的截面应力分布（T形）

塑性中和轴的高度为：

$$N = 0.5f_c(\beta x - b)(b_1 + b_2 - 4t_w) + f_y A_{vc} + \rho f_y A_{pc} - f_y A_{vt} - \rho f_y A_{pt} + b^2 f_{sc} - C_1 A_s f_y' \tag{8-70}$$

混凝土受压区高度 x 的计算表达式为：

$$x = \frac{\begin{aligned}&N + 0.5f_c b(b_1 + b_2 - 4t_w) + 2f_y t_w d(\rho n_t + n_y - n_c) + 2\rho f_y t_w(l_a + b)\\ &+ 2\rho f_y t_w l_b - b^2 f_{sc} + C_1 A_s f_y'\end{aligned}}{0.5f_c \beta(b_1 + b_2 - 4t_w) + 4\rho f_y t_w} \tag{8-71}$$

受弯承载力设计值为：

$$\begin{aligned}M_{u,N} =\ & 0.5f_c(\beta x - b)(b_1 + b_2 - 4t_w)(h_1 - b - 0.5\beta x) + b^2 f_{sc}(h_1 - 0.5b) +\\ & C_1 A_s f_y'(l_a - h_1 + 0.5b) + \rho f_y t_w(x - b)(h_1 - b) + 2l_b f_y t_w(l_a - h_1 + 0.5b) +\\ & \rho f_y t_w(l_a - x)(l_a - h_1) + 0.5f_y t_w d\sum_{i=1}^{n_y} s_{i,y} + 2f_y t_w d\sum_{i=1}^{n_c} s_{i,c} +\\ & 2\rho f_y t_w d\sum_{i=1}^{n_t} s_{i,t}\end{aligned} \tag{8-72}$$

$$\rho = \begin{cases} 1 & (V/V_{\rm u} \leqslant 0.5) \\ 1 - (2V/V_{\rm u} - 1)^2 & (V/V_{\rm u} > 0.5) \end{cases} \tag{8-73}$$

截面弯矩设计值应符合：

$$M \leqslant M_{\rm u,N} \tag{8-74}$$

受剪承载力应符合：

$$V \leqslant V_{\rm u} \tag{8-75}$$

$$V_{\rm u} = 0.6 f_{\rm y} (A_{\rm pc} + A_{\rm pt}) \tag{8-76}$$

式中：$A_{\rm pc}$ 为平行于剪力墙受力平面的受压区墙身钢板面积，$\rm mm^2$，按式（8-32）计算；$A_{\rm pt}$ 为平行于剪力墙受力平面的受拉区墙身钢板面积，$\rm mm^2$，按式（8-34）计算。

压弯荷载作用下，翼缘受压时（大偏压破坏），T 形双波纹钢板混凝土组合剪力墙的翼缘受压时，其横截面正应力分布采用全截面塑性应力分布，如图 8-14 所示。

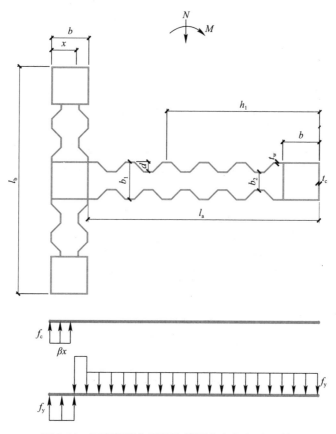

图 8-14　压弯荷载作用下的截面应力分布（T 形）

塑性中和轴的高度为：

$$N = f_{\rm c} \left(\beta x - \frac{d}{2} \right) (l_{\rm b} - 2b) + 2 f_{\rm sc} (b - 2t_{\rm c})(x - t_{\rm c}) + f_{\rm y} A_{\rm vc} + \rho f_{\rm y} A_{\rm pc}$$
$$- f_{\rm y} A_{\rm vt} - \rho f_{\rm y} A_{\rm pt} \tag{8-77}$$

混凝土受压区高度 x 的计算表达式为：

$$x = \frac{\begin{aligned}N &- 0.5df_c(l_b - 2b) - 2f_{sc}(bt_c + 2t_c^2) + f_y(3bt_c + 2n_tdt_w - bt_w)\\ &+ 2\rho f_yl_at_w + 6\rho f_ybt_c\end{aligned}}{f_c\beta(l_b - 2b) + 2f_{sc}(b - 2t_c) + 12\rho f_yt_c} \tag{8-78}$$

受弯承载力设计值为：

$$
\begin{aligned}
M_{u,N} &= \left[f_c\left(\beta x - \frac{d}{2}\right)(l_b - 2b) + 2f_{sc}(b - 2t_c)(x - t_c)\right](l_a - h_1 + b - 0.5\beta x)\\
&+ f_yt_w(h_1 - b)^2 + f_y(l_bt_w - 2bt_w + 2bt_c + 6\rho xt_c)(b - 0.5x + l_a - h_1)\\
&+ (l_bt_w - 3bt_w + 3bt_c)(l_a - h_1) + 2f_ybt_c(h_1 - b) - 6\rho f_yt_c(b - x)\\
&[l_a - h_1 + 0.5(b - x)] - \rho f_yt_w(l_a - h_1)^2 + \rho f_yt_wd\sum_{i=1}^{n_y}s_{i,y} + 2f_yt_w\sum_{i=1}^{n_t}s_{i,t}
\end{aligned}
\tag{8-79}
$$

$$\rho = \begin{cases} 1 & (V/V_u \leqslant 0.5)\\ 1 - (2V/V_u - 1)^2 & (V/V_u > 0.5) \end{cases} \tag{8-80}$$

截面弯矩设计值应符合：

$$M \leqslant M_{u,N} \tag{8-81}$$

受剪承载力应符合：

$$V \leqslant V_u \tag{8-82}$$

$$V_u = 0.6f_y(A_{pc} + A_{pt}) \tag{8-83}$$

式中：A_{pc} 为平行于剪力墙受力平面的受压区墙身钢板面积，mm^2，按式（8-40）计算；A_{pt} 为平行于剪力墙受力平面的受拉区墙身钢板面积，mm^2，按式（8-42）计算。

4）符号

以上各式中：

N——组合剪力墙的轴压力设计值（N）；

M——组合剪力墙的弯矩设计值（N·mm）；

$M_{u,N}$——组合剪力墙在轴压力作用下的受弯承载力设计值（N·mm）；

f_c——混凝土抗压强度（N^2/mm）；

f_y'——方钢管的钢材屈服强度（N^2/mm）；

β——混凝土等效矩形应力系数，按《混凝土结构设计规范》GB 50010—2010（2015年版）要求取值；

x——塑性中和轴的高度，即混凝土受压区高度（mm）；

b——方钢管的边长（mm）；

b_1——墙体波峰处的厚度（mm）；

b_2——墙体波谷处的厚度（mm）；

t_w——墙身部分钢板的厚度（mm）；

n_c——受压区单侧波纹钢板的斜边数；

d——波纹钢板的波纹深度（mm）；

n_t——受拉区单侧波纹钢板的斜边数；

h——墙身的宽度（mm）；

C_1——钢管受拉强度提高系数，实心截面取 $C_1 = 1.1$；

A_s——钢管的面积（mm^2）；

A_c——钢管内混凝土的面积（mm^2）；

f_{sc}——方钢管混凝土抗压强度设计值（MPa），$f_{sc}=(1.212+B\theta+C\theta^2)f_c$；

B、C——截面形状对套箍效应的影响系数，对于方钢管：

$$B=\frac{0.131f'_y}{213}+0.723 \qquad C=-\frac{0.070f'_y}{14.4}+0.026$$

θ——实心钢管混凝土柱的套箍系数，$\theta=\alpha_{sc}\dfrac{f'_y}{f_c}$；

α_{sc}——实心钢管混凝土柱的含钢率；

$S_{i,c}$——受压区波纹钢板斜边中点到墙体截面对称轴的距离；

ρ——考虑剪应力影响的钢板强度折减系数，按式（8-52）计算；

V——波纹钢板剪力墙的剪力设计值（N）；

V_u——波纹钢板剪力墙的受剪承载力设计值（N），按式（8-55）计算；

A_{pc}——平行于剪力墙受力平面的受压区墙身钢板面积（mm^2）；

A_{pt}——平行于剪力墙受力平面的受拉区墙身钢板面积（mm^2）。

8.4 本章小结

本章在已完成的 35 个双波纹钢板混凝土组合剪力墙的低周反复试验研究和有限元分析基础上，通过对试件受力过程中应力应变的规律的分析，对试件受力性能和破坏特征进行深入研究，分析了双波纹钢板混凝土组合剪力墙的受力机理，并建立了一字形、L 形和 T 形双波纹钢板混凝土组合剪力墙的压弯承载力计算公式，并提出了相关的设计建议，主要结论如下：

（1）一字形双波纹钢板混凝土组合剪力墙的边缘约束方钢管柱参与抵抗压弯的作用较墙身大，其应变增长快，应变值较大，而底排螺杆应变增长慢，应变值小，参与抵抗压弯的作用不明显。一字形试件发生压屈破坏时，试件整体的压应变值约为拉应变值的 1.6 倍，进入破坏阶段后，压应力主要由核心混凝土承担；而一字形试件发生压弯破坏时，试件钢板的总体拉应变大于压应变，受力状态由钢板和混凝土共同承担荷载逐渐转变为由核心混凝土主要承担荷载。

（2）L 形双波纹钢板混凝土组合剪力墙的翼缘受压时，腹板区域内的钢板承受较大的拉应力；翼缘受拉时，腹板区域内的钢板承受较大的压应力。L 形试件发生压屈破坏时，翼缘区域的约束方钢管和腹板边缘约束方钢管的应变值均大于墙身钢板应变值，破坏阶段，钢板和核心混凝土受螺杆约束作用较小，主要由核心混凝土承担压应力；而 L 形试件发生压弯破坏时，腹板边缘约束方钢管的应变值大于翼缘区域的约束方钢管和墙身钢板应变值，螺杆对核心混凝土和波纹钢板起到充分约束的作用，故破坏阶段，主要由螺杆承担拉应力，核心混凝土承担压应力。

（3）T 形双波纹钢板混凝土组合剪力墙在加载过程中，腹板边缘的钢板应变值均远高于翼缘与腹板交界处的应变值。T 形试件发生压屈破坏时，腹板边缘约束方钢管钢板和底排对拉螺杆的压应变均明显大于拉应变，螺杆应变值较小，抵抗压应力能力较弱，经历峰值荷载后；而T形试件发生压弯破坏时，腹板边缘约束方钢管钢板和底排对拉螺杆的拉应变大于压应变，钢板退出工作后螺杆应变值仍在缓慢增长，这说明经历峰值荷载后，底部螺杆主要承担拉应力，核心混凝土主要承担压应力。

（4）T形试件在正负向加载时受压区高度差别较大，翼缘受拉时，塑性中和轴位于腹板区域内，水平承载力较大；翼缘受压时，塑性中和轴位于翼缘区域内，水平承载力相对较小。而L形试件的翼缘受压或受拉时，塑性中和轴均位于腹板区域内，两种情况下水平承载力差别相对较小。

（5）基于全截面塑性假设，建立了一字形、L形和T形双波纹钢板混凝土组合剪力墙正截面压弯承载力计算公式，整体计算结果和试验结果高度吻合，该计算公式可供实际工程设计提供参考。

（6）提出双波纹钢板混凝土组合剪力墙的关键配置参数和相关构造要求设计建议。

第9章

结论与展望

9.1 结论

为满足超高层建筑及装配式钢结构建筑对其抗震性能更高的要求，提出一种新型的带约束双波纹钢板混凝土组合剪力墙，基于试验研究、有限元模拟和理论分析等手段，对 35 个双波纹钢板混凝土组合剪力墙进行抗震性能研究，其中包括 15 个一字形截面试件、10 个 L 形试件和 10 个 T 形试件。观察了试件的破坏过程及形态，研究了变化参数对试件抗震性能指标的影响，并对相同变化参数的三种截面试件进行对比研究；此外，基于有限元软件 ABAQUS 进行参数二次拓展研究；最后，基于试验结果，提出三种带约束双波纹钢板混凝土组合剪力墙的压弯承载力计算方法，并给出关键参数和构造要求的相关设计建议。主要结论如下：

（1）双波纹钢板混凝土组合剪力墙破坏形态主要是压屈破坏、压弯破坏及约束失效破坏三种。一字形试件的破坏形态主要受轴压比、钢板类型、连接构件和剪跨比的影响，L形、T形试件的破坏形态主要受波纹钢板类型、轴压比、约束钢管柱设置和剪跨比的影响。

（2）增大轴压比，试件的滞回曲线更饱满、极限承载力更高、初始抗侧刚度提高以及耗能能力增强，但同时强度退化加快且延性降低。

（3）一字形墙体增大剪跨比，试件的滞回曲线更饱满，强度退化速率减缓，延性极小提高，但极限承载力和刚度均降低，峰值后等效黏滞阻尼系数更高，而累积耗能则呈相反趋势。L形、T形墙体增大剪跨比，虽试件的滞回曲线更饱满，但极限承载力、抗侧刚度和初始环线刚度均降低，而强度退化、延性、耗能等指标受影响相对较小。

（4）相比平钢板试件，波纹钢板试件的滞回曲线更饱满且下降缓慢，延性和耗能更优，且小剪跨比时后者的极限承载力提高明显，而刚度退化相差不大；波纹尺寸对试件抗震性能指标影响较小，而波纹方向影响较大。相比横向波纹试件，竖向波纹试件的极限承载力、抗侧刚度、延性和耗能更优，强度退化程度更缓慢。波纹尺寸改变主要影响试件的变形能力和耗能，相比窄波纹试件，宽波纹试件延性更优，但耗能能力降低。

（5）无连接构件试件的初始刚度较大，在受力破坏过程中其刚度退化速率最快，不同形式的连接构件中，刚度性能改善能力从强到弱的顺序是：栓钉＋对拉螺杆、对拉螺杆、栓钉。无连接构件试件的等效黏滞阻尼系数总体上是要大于设置连接构件试件的，设置对拉螺杆试件的等效黏滞阻尼系数是小于设置栓钉试件的；同剪跨比下无连接构件试件的总耗能能力大于设置连接构件的，设置栓钉的试件总耗能能力强于对拉螺杆的试件。

（6）设置约束方管柱可提升试件的承载力、延性和耗能，强度和刚度退化程度得到显著减缓。增大翼缘宽度，试件的承载力提升，且小剪跨比试件的提升效果更有效。此外，试件的强度退化程度和受压翼缘的刚度退化程度减缓，而延性受影响不大。

（7）基于有限元软件 ABAQUS，分别建立了三种截面形式的剪力墙模型，对剪力墙在水平低周反复荷载下的力学行为进行模拟计算，计算结果与模拟结果吻合较好，表明 ABAQUS 数值模拟具有可行性。同时，建立模型，用以拓展轴压比、墙肢高厚比、剪跨比及截面含钢率（包括钢管和钢板含钢率）四个参数对剪力墙抗震性能的影响规律，进一步揭示该种新体系结构在水平反复荷载作用下的抗震性能。

（8）基于全截面塑性假设，推导了双波纹钢板混凝土组合剪力墙正截面压弯承载力计算公式，计算数据结果与试验实际结果高度吻合。同时，明确了关键设计参数取值范围，给出了关键配置参数和相关构造要求的设计建议，为后续的标准规范编制和工程设计提供了相关依据和借鉴。

9.2 展望

本书对三种截面形式的双波纹钢板混凝土组合剪力墙在水平低周反复荷载下的抗震性能进行了初步探讨，并提出相应的压弯承载力计算公式，为该种新结构体系在超高层建筑的应用提供了参考依据。但实际工程结构中双波纹钢板混凝土组合剪力墙在地震作用下的受力行为复杂，故仍有许多工作需亟待完善和进一步探讨。

（1）复合受力性能的研究

本书虽已对双波纹钢板混凝土组合剪力墙进行抗震性能的研究，但试验范围内 L 形和 T 形试件在腹板边缘约束方钢管柱处会发生集中破坏，而墙身部分并未发生鼓曲，无法展示波纹钢板抗剪切的能力；此外，实际地震中构件并不只受单一水平反复荷载。因此后续可对更小剪跨比和多方向荷载共同作用下试件的抗震性能展开研究，进一步完善该种新结构体系的理论。

（2）螺栓和对拉螺杆的设计理论研究

设置栓钉和对拉螺杆可提高波纹钢板对核心混凝土的约束作用。从本书的研究结果可知，试验过程中栓钉和对拉螺杆并未出现断裂破坏或滑移现象，而实际结构中该类构件的直径过小、数量不足或螺杆预紧力不够等均会对墙体抗震性能产生影响。因此，后续可对栓钉直径与波纹钢板厚度比限值、栓钉与对拉螺杆对抗震性能的贡献比值等展开研究，进一步完善该种新结构体系中栓钉和对拉螺杆的设计理论以及更为精确的有限元模拟方法。

（3）灾变作用下的受力机理研究

地震过程中，往往伴随有多种次生灾害发生，如火灾或爆炸冲击等。钢板剪力墙被视为是一种新型的抗侧力构件，目前其关于历经火灾或爆炸冲击后的抗震性能研究尚未得到重视，为避免该种新结构在灾后严重倒塌而造成大量生命财产损失，钢板混凝土组合剪力墙在历经火灾或爆炸冲击后的抗震性能值得进行研究，以期为该种结构的灾后评估提供参考。

参 考 文 献

[1] BOTROS R B G, Nonlinear finite element analysis of corrugated steel plate shear walls [J]. University of Calgary, 2006 (5): 35-45.

[2] 聂建国, 樊健生. 钢板剪力墙的试验研究 [J]. 建筑结构学报, 2010, (09): 1-8.

[3] 刘鹏, 何伟明, 郭家耀, 等. 中国国际贸易中心三期 A 主塔楼结构设计 [J]. 建筑结构学报, 2009 (S1): 8-13.

[4] 郭彦林, 王小安, 张博浩, 等. 波浪腹板钢结构设计理论研究及应用现状 [J]. 工业建筑, 2012, 42 (7): 1-13, 73.

[5] 黄琪. 波形钢腹板的设计方法 [J]. 长安大学学报, 2009 (05): 73-76.

[6] 王赞芝、李新峰, 等. 冷成型桥梁用波形钢腹板制造工艺 [J]. 建筑钢结构进展, 2014, (04): 58-64.

[7] THORBURN L J, KULAK G L, MONTGOMERY C. Analysis of steel plate shear walls [J]. Journal of Structural Engineering-Asce, 1983, 15 (3): 110-115.

[8] DRIVER R G, KULAK G L, KENNEDY D J L, et al. Cyclic test of four-story steel plate shear wall [J]. Journal of Structural Engineering-Asce, 1998, 124 (2): 112-120.

[9] ZHAO Q, ASTANEH-Asl A, Cyclic behavior of traditional and innovative composite shear walls [J]. Journal of Structural Engineering, 2015, 130 (2): 271-284.

[10] YOUSSEF N, WILKERSON R, FISCHER K, et al. Seismic performance of a 55-storey steel plate shear wall [J]. Structural Design of Tall & Special Buildings, 2009, 19 (1-2): 139-165.

[11] LUO R, EDLUND B. Shear capacity of plate girders with trapezoidally corrugated webs [J]. Thin-walled Structures, 1996, 26 (1): 19-44.

[12] ELGAALY M, HAMILTON R W, SESHADRI A. Shear strength of beams with corrugated webs [J]. Journal of Structural Engineering, 1996, 122 (4): 390-398.

[13] ELGAALY M, SESHADRI A, HAMILTON R W. Bending strength of steel beams with corrugated webs [J]. Journal of Stuctural Engineering, 1997, 123 (6): 772-782.

[14] ELGAALY M, ANAND S. Depicting the behavior of gride rs with corrugated webs up to failure using no N-linear finite leement analysis [J]. Adwances in Eningeering Software, 1998, 29 (3/6): 195-208.

[15] WEYERS R E. Sevice life model for concre structures in chlo ride laden enviroments [J]. ACI Materials Journal, 1998, 95 (4): 445-453.

[16] 仲伟秋, 贡金鑫, 赵国藩. 钢结构混凝土构件质量综合评判的变权模型 [J]. 哈尔滨工业大学学报, 2003, 35 (12): 1452-1454.

[17] 任保双, 范良. 在用钢筋混凝土简支梁桥结构综合评估方法 [J]. 土木工程学报, 2002, 35 (2): 97-102.

[18] SAYED-AHMED E Y. Behavior of steel and (or) composite girders with corrugated steel webs [J]. Canadian Journal of Civil Engineering, 2001, 28 (4): 656-672.

[19] BERMAN J W, BRUNEAU M. Experimental investigation of light-gauge steel plate shear walls [J]. Journal of structural engineering, 2005, 131 (2): 259-267.

[20] DRIVER R G, ABBAS H H, SAUSE R. Shear behavior of corrugated web bridge girders [J]. Journal of Structural Engineering-Asce, 2006, 132 (2): 195-203.

[21] YI J, GIL H, YOUM K, et al. Interactive shear buckling behavior of trapezoidally corrugated steel webs [J]. Engineering Structures, 2008, 30 (6): 1659-1666.

[22] MOON J, YI J, CHOI B H, et al. Shear strength and design of trapezoidally corrugated steel webs [J]. Journal of Constructional Steel Research, 2009, 65 (5): 1198-1205.

[23] EMAMI F, MOFID M. On the hysteretic behavior of trapezoidally corrugated steel shear walls [J]. Structural Design of Tall and Special Buildings, 2014, 23 (2): 94-104.

[24] EMAMI F, MOFID M, VAFAI A. Experimental study on cyclic behavior of trapezoidally corrugated steel shear walls [J]. Engineering Structures, 2013, 48: 750-762.

[25] 孙军浩. 波纹钢板剪力墙的抗侧及抗震性能研究 [D]. 天津：天津大学，2016.

[26] 李楠. 波纹钢板剪力墙体系的抗震性能试验研究 [D]. 天津：天津大学，2017.

[27] 谭平，魏瑶，李洋，等. 波纹钢板剪力墙抗震性能试验研究 [J]. 土木工程学报，2018 (5): 8-15.

[28] 王威，张龙旭，苏三庆，等. 波形钢板剪力墙抗震性能试验研究 [J]. 建筑结构学报，2018 (5): 36-44.

[29] 兰银娟. 折板钢板剪力墙抗侧力结构理论研究 [D]. 西安：西安建筑科技大学，2006.

[30] 李靓姣. 波浪形钢板墙的受力性能及设计方法研究 [D]. 北京：清华大学，2012.

[31] NIE J G, ZHU L, TAO M X, et al. Shear strength of trapezoidal corrugated steelwebs [J]. Journal of Constructional Steel Research, 2013, 85: 105-115.

[32] 郭彦林，张庆林. 波折腹板工形构件截面承载力设计方法 [J]. 建筑科学与工程学报，2006 (04): 58-63.

[33] 郭彦林，张庆林，王小安，等. 波浪腹板工形构件抗剪承载力设计理论及试验研究 [J]. 土木工程学报，2010, 43 (10): 45-52.

[34] 王振. 正弦波纹钢板剪力墙结构承载机理分析 [D]. 济南：山东建筑大学，2017.

[35] 王玉. 开洞波纹钢板剪力墙抗震性能有限元参数分析 [D]. 天津：河北工程大学，2018.

[36] 张文莹，MAHDAVIAN Mahsa，虞诚. 波纹钢板覆面冷弯薄壁型钢龙骨式剪力墙抗震性能研究进展 [J]. 建筑钢结构进展，2017, 12 (6): 16-24.

[37] YU C, YU G W. Experimental inverstigation of cold-formed steel framed shear

wall using corrugated steel sheathing with circular holes [J]. Journal of Structural Engineering，2016，142（12）：04016126.

[38] MAHDAVIAN M. Innovative Cold-formed Stell Shear Walls With Corrugated Steel Sheathing [D]. Denton：University of North Texas，2016.

[39] ZHANG W Y，MAHDAVIAN M，LI Y Q，et al. Experiments and simulations of cold-formed steel wall assemblies using corrugated steel sheathting subjected to shear and gravity loads [J]. Joural of Structural Engineering，2017，143（3）：04016193.

[40] ASTANEH-Asl A. *Seismic Behavior and Design of Composite Steel Plate Shear Walls* [R]. Moraga：Structural Steel Educational Council，2002：7-8.

[41] ZHAO Q，ASTANEH-Asl A. Cyclic behavior of traditional and innovative composite shear walls [J]. *Journal of Structural Engineering*，2015，130（2）：271-284.

[42] 李国强，张晓光，沈祖炎. 钢板外包混凝土剪力墙板抗剪滞回性能试验研究 [J]. 工业建筑，1995，25（6）：32-35.

[43] 郭彦林，董全利，周明. 防屈曲钢板剪力墙滞回性能与试验研究 [J]. 建筑结构学报，2009，30（1）：31-39.

[44] 郭彦林，董全利，周明. 防屈曲钢板剪力墙弹性性能及混凝土盖板约束刚度研究 [J]. 建筑结构学报，2009，30（1）：40-47.

[45] 郭彦林，周明，董全利. 防屈曲钢板剪力墙弹塑性抗剪极限承载力与滞回性能研究 [J]. 工程力学，2009，26（2）：108-114.

[46] 高辉. 组合钢板剪力墙试验研究与理论分析 [D]. 上海：同济大学.

[47] 马伯欣. 两边连接钢板剪力墙及组合剪力墙抗震性能研究 [D]. 哈尔滨：哈尔滨工业大学，2009.

[48] 李然. 钢板剪力墙与组合剪力墙滞回性能研究 [D]. 哈尔滨：哈尔滨工业大学，2011.

[49] 吕西林，干淳洁，王威. 内置钢板钢筋混凝土剪力墙抗震性能研究 [J]. 建筑结构学报，2009，30（5）：89-96.

[50] 干淳洁，吕西林. 内置钢板钢筋混凝土剪力墙非线性仿真研究 [J]. 建筑结构学报，2009，30（5）：97-102.

[51] 刘晓. 结合钢板剪力墙抗震性能研究 [D]. 西安：西安建筑科技大学，2010.

[52] 张文江. 钢管混凝土边框内藏钢板组合剪力墙抗震性能试验与理论研究 [D]. 北京：北京工业大学，2012.

[53] 曹万林，张文江，张建伟，等. 钢管混凝土边框内藏钢板组合剪力墙抗震研究 [J]. 土木工程与管理学报，2011，28（3）：219-225.

[54] 崔龙飞，蒋欢军，吕尚文，等. 不同钢-混凝土组合剪力墙抗震性能对比分析 [J]. 结构工程师，2012，28（2）：80-89.

[55] 朱爱萍. 内置钢板-C80混凝土组合剪力墙抗震性能研究 [D]. 北京：中国建筑科学研究院，2015.

[56] LINK R A，ELWI A E. Composite concrete-steel plate walls：Analysis and behavior [J]. Journal of Structural Engineering，1995，121（2）：260-271.

[57] EMORI K. Compressive and shear strength of concrete filled steel box wall [J]. Steel Structures，2002，68（2）：29-40.

[58] CLUBLEY S K，MOY S S J，XIAO R Y. Shear strength of steel-concrete-steel composite panels. Part I：Testing and numerical modelling [J]. Journal of Constructional Steel Research，2003，59（6）：781-794.

[59] CLUBLEY S K，MOY S S J，XIAO R Y. Shear strength of steel-concrete-steel-composite panels. Part II—Detailed numerical modelling of performance [J]. Journal of Constructional Steel Research，2003，59（6）：795-808.

[60] EOM T S，PARK H G，LEE C H，et al. Behavior of double skin composite wall subjected to in-plane cyclic loading [J]. Journal of Structural Engineering，2009，135（10）：1239-1249.

[61] 聂建国，卜凡民，樊健生. 低剪跨比双钢板-混凝土组合剪力墙抗震性能试验研究 [J]. 建筑结构学报，2011（11）：74-81.

[62] 卜凡民，聂建国，樊健生. 高轴压比下中高剪跨比双钢板-混凝土组合剪力墙抗震性能试验研究 [J]. 建筑结构学报，2013，34（4）：91-98.

[63] 聂建国，卜凡民，樊健生. 高轴压比、低剪跨比双钢板-混凝土组合剪力墙拟静力试验研究 [J]. 工程力学，2013（6）：60-66.

[64] 李盛勇，聂建国，刘付钧，等. 外包多腔钢板-混凝土组合剪力墙抗震性能试验研究 [J]. 土木工程学报，2013（10）：26-38.

[65] NIE J G，HU H S，FAN J S，et al. Experimental study on seismic behavior of high-strength concrete filled double-steel-plate composite walls [J]. Journal of Constructional Steel Research，2013，88（9）：206-219.

[66] 马晓伟，聂建国，陶慕轩，等. 双钢板-混凝土组合剪力墙压弯承载力数值模型及简化计算公式 [J]. 建筑结构学报，2013，04：99-106.

[67] 胡红松，聂建国. 双钢板-混凝土组合剪力墙变形能力分析 [J]. 建筑结构学报，2013，05：52-62.

[68] 聂建国，卜凡民，樊健生. 低剪跨比双钢板-混凝土组合剪力墙抗震性能试验研究 [J]. 建筑结构学报，2011，11（32），74-81.

[69] 卜凡民，聂建国，樊健生. 高轴压比下中高剪跨比双钢板-混凝土组合剪力墙抗震性能试验研究 [J]. 建筑结构学报，2013，4（34），91-98.

[70] 纪晓东，蒋飞明，钱稼茹，等. 钢管-双层钢板-混凝土组合剪力墙抗震性能试验研究 [J]. 建筑结构学报，2013，34（6）：75-83.

[71] 刘鸿亮，蔡健，杨春，等. 带约束拉杆双层钢板内填混凝土组合剪力墙抗震性能试验研究 [J]. 建筑结构学报，2013，34（6）：84-92.

[72] 朱立猛，周德源，赫明月. 带约束拉杆钢板-混凝土组合剪力墙抗震性能试验研究 [J]. 建筑结构学报，2013，34（6）：93-102.

[73] 李健，罗永峰，郭小农，等. 双层钢板组合剪力墙抗震性能试验研究 [J]. 同济大

学学报：自然科学版，2013，41（11）：1636-1643.

[74]　曹万林，于传鹏，董宏英，等. 不同构造双钢板组合剪力墙抗震性能试验研究
　　　　[J]. 建筑结构学报，2013，34（S1）：186-191.

[75]　张晓萌. 钢管束组合剪力墙抗震性能试验及理论研究 [D]. 天津：天津大学，
　　　　2016.

[76]　李晓虎. 核电工程双钢板混凝土组合剪力墙抗震性能研究 [D]. 北京：北京工业大
　　　　学，2017.

[77]　李盛勇，聂建国，刘付钧，等. 外包多腔钢板-混凝土组合剪力墙抗震性能试验研
　　　　究 [J]. 土木工程学报，2013，10（46），26-38.

[78]　齐笑苑. 工字形双钢板-混凝土组合剪力墙力学性能有限元分析 [D]. 石家庄：河
　　　　北科技大学，2019.

[79]　王月明. T形双钢板-混凝土组合剪力墙抗震性能试验研究 [D]. 南宁：广西大学，
　　　　2018.

[80]　林诚发. 设缝双钢板-混凝土组合剪力墙抗震性能研究 [D]. 广州：华南理工大学，
　　　　2018.

[81]　WRIGHT H. The axial load behaviour of composite walling [J]. Journal of Con-
　　　　structional Steel Research，1998，45（3）：353-375.

[82]　WRIGHT H D，GALLOCHER S C. The behaviour of composite walling under
　　　　construction and service loading [J]. Journal of Constructional Steel Research，
　　　　1995，35（3）：257-273.

[83]　WRIGHT H D，HOSSAIN K M. In-plane shear behaviour of profiled steel sheet-
　　　　ing [J]. Thin-walled Structures，1997，29（1）：79-100.

[84]　ANWAR H K M，WRIGHT H D. Behaviour of composite walls under monotonic
　　　　and cyclic shear loading [J]. Structural Engineering and Mechanics，2004，17
　　　　(1)：69-85.

[85]　ANWAR H K M，WRIGHT H D. Flexural and shear behaviour of profiled double
　　　　skin composite elements [J]. Steel and Composite Structures，2004，4（2）：113-
　　　　132.

[86]　HOSSAIN K M A，WRIGHT H，Performance of double skin-profiled composite
　　　　shear walls-experiments and design equations [J]. Canadian Journal of Civil Engi-
　　　　neering，2004，31（2）：204-217.

[87]　ANWAR H K M，WRIGHT H D. Experimental and theoretical behaviour of com-
　　　　posite walling under in-plane shear [J]. Journal of Constructional Steel Research，
　　　　2004，60（1）：59-83.

[88]　WRIGHT H D，HOSSAIN K M. In-plane shear behaviour of profiled steel sheet-
　　　　ing [J]. Thin-walled Structures，1997，29（1）：79-100.

[89]　ANWAR H K M. Design aspects of double skin profiled composite framed shear
　　　　walls in construction and service stages [J]. ACI Structural Journal，2004，101
　　　　(1)：94-102.

[90] MYDIN M A，WANG Y C. Structural performance of lightweight steel-foamed concrete-steel composite walling system under compression [J]. Steel Construction，2011，49（1）：66-76.

[91] PRABHA P，MARIMUTHU V，SARAVANAN M，et al. Effect of confinement on steel-concrete composite light-weight load-bearing wall panels under compression [J]. Journal of Constructional Steel Research，2013，81：11-19.

[92] RAFIEI S，HOSSAIN K M A，LACHEMI M，et al. Profiled sandwich composite wall with high performance concrete subjected to monotonic shear [J]. Journal of Constructional Steel Research，2015，107：125-136.

[93] RAFIEI S，HOSSAIN K M A，LACHEMI M，et al. Finite element modeling of double skin profiled composite shear wall system under in-plane loadings [J]. Engineering Structures，2013，56（6）：46-57.

[94] HILO S J，WAN H W B，OSMAN S A，et al. Effect of rectangular cold-formed steel on the behavior of double-skinned profiled steel sheet infilled with concrete under axial load [J]. Journal of Constructional Steel Research，2014，1（2）：192-197.

[95] 朱文博. 波纹钢板组合剪力墙力学性能研究 [D]. 郑州：郑州大学，2017.

[96] 王玉生. 双层波形钢板内填混凝土组合剪力墙稳定性研究 [D]. 呼和浩特：内蒙古科技大学，2017.

[97] 王凯杰. 双层波纹钢板-混凝土组合剪力墙抗震性能研究 [D]. 天津：天津大学，2017.

[98] 杨梦. 双钢板-内填再生混凝土组合剪力墙抗震性能试验研究 [D]. 天津：天津大学，2018.

[99] 任坦. 带栓钉波形钢板混凝土剪力传递性能试验研究与有限元分析 [D]. 西安：西安建筑科技大学，2019.

[100] 王威，梁宇建，向照兴，等. 波形钢板混凝土组合剪力墙轴压比影响研 [J]. 工程科学与技术，2020，53（4）：66-76.

[101] 费建伟，李志安. 波形钢板组合墙的弹性屈曲分析 [C]. 钢结构与绿色建筑技术应用，2019（5）：99-102.

[102] 王威，李昱，苏三庆，等. 竖波钢板组合剪力墙塑性铰长度研究 [J]. 建筑结构学报，2021（3）：25-36.

[103] 郭进. 波形钢板混凝土组合剪力墙低周反复荷载试验研究 [D]. 西安：西安建筑科技大学，2019.

[104] 范佳琪. 波纹钢板剪力墙结构抗侧性能研究 [D]. 哈尔滨：哈尔滨工业大学，2020.

[105] 张佳伟. L形双层波纹钢板-混凝土组合剪力墙抗侧性能有限元分析 [D]. 石家庄：河北科技大学，2020.

[106] 叶昕. 双波纹钢板-混凝土组合剪力墙板抗爆性能研究 [D]. 合肥：合肥工业大学，2021.

[107] 李清华. 工字形双波纹钢板-混凝土组合剪力墙力学性能有限元分析 [D]. 石家

庄：河北科技大学，2020.

[108] 侯铭岳. 竖波钢板组合剪力墙的可恢复性与抗剪承载力研究［D］. 西安：西安建筑科技大学，2020.

[109] 许新颖. 双波纹钢板混凝土组合 T 形剪力墙抗震性能试验研究［D］. 南宁：广西大学，2021.

[110] 张冯霖. L 形双波纹钢板混凝土组合剪力墙抗震性能研究［D］. 南宁：广西大学，2021.

[111] 中华人民共和国住房和城乡建设部. 建筑抗震试验规程：JGJ/T 101—2015［S］. 北京：中国建筑工业出版社，1996.

[112] 中华人民共和国国家质量监督检验检疫总局. 金属材料 拉伸试验 第 1 部分：室温试验方法：GB/T 228.1—2021［S］. 北京：中国标准出版社，2022.

[113] 中华人民共和国住房和城乡建设部. 混凝土物理力学性能试验方法标准. GB/T 50081—2019［S］. 北京：中国建筑工业出版社，2002.

[114] 中华人民共和国住房和城乡建设部. 建筑抗震试验规程：JGJ/T 101—2015［S］. 北京：中国建筑工业出版社，2015.

[115] 胡红松，聂建国. 外包钢板-混凝土组合连梁试验研究（Ⅱ）：应力与内力分析［J］. 建筑结构学报，2014，35（5）：10-16.

[116] 中华人民共和国住房和城乡建设部. 建筑抗震设计规范：GB 50011—2010［S］. 北京：中国建筑工业出版社，2010.

[117] 熊进刚，丁利，田钦，等. 混凝土损伤塑性模型参数计算方法及试验验证［J］. 南昌大学学报（自然科学版），2019，41（3）：21-26.

[118] ZHANG Z T, LIU Y F. Concrete damaged plasticity model in ABAQUS［J］. Building Structure，2011（S2）：229-231.

[119] 聂建国，王宇航. ABAQUS 中混凝土本构模型用于模拟结构静力行为的比较研究［J］. 工程力学，2013，30（04）：59-67，82.

[120] 王萌，石永久，王元清. 考虑累积损伤退化的钢材等效本构模型研究［J］. 建筑结构学报，2013，34（10）：73-83.

[121] 过镇海. 钢筋混凝土原理［M］. 北京：清华大学出版社，2014.

[122] 韩林海. 钢管混凝土结构：理论与实践［M］. 北京：科学出版社，2007.

[123] JI J, YU D, JIANG L, et al. Numerical analysis of axial compression performance of concrete filled double steel tube short columns［J］. IOP Conference Series Materials ence and Engineering，2018，439（4）：042058.

[124] PAGOULATOU, M, SHEEHAN, T, DAI, X H, et al. (2014) Finite element analysis on the capacity of circular concrete-filled double-skin steel tubular (CFDST) stub columns.［J］. Engineering Structures，2014，72：102-112.

[125] 许新颖，陈宗平，张冯霖，等. T 形双波纹钢板混凝土组合剪力墙抗震性能试验研究［J］. 地震工程与工程振动，2021，41（03）：176-189.

[126] 中华人民共和国住房和城乡建设部. 钢板剪力墙技术规程：JGJ/T 380—2015［S］. 北京：中国建筑工业出版社，2015.

［127］　中华人民共和国住房和城乡建设部. 组合结构设计规范：JGJ 138—2016［S］. 北京：中国建筑工业出版社，2016.

［128］　中华人民共和国住房和城乡建设部. 混凝土结构设计规范：GB 50010—2010［S］. 北京：中国建筑工业出版社，2010.

［129］　中华人民共和国住房和城乡建设部. 钢管混凝土结构技术规范：GB 50936—2014［S］. 北京：中国建筑工业出版社，2014.

［130］　朱文博. 波纹钢板组合剪力墙力学性能研究［D］. 郑州：郑州大学，2017.